U0070624

新・裝幀談義

。

菊地信義

！

。

，

獻給
真的讀者

。

！

磐築十年——閱讀是很重要的一件事

磐築創意出版至今轉眼已經過了十個冬天。當初只是為了想把自己想讀並覺得值得參考的好書介紹給跟我們同樣身為平面設計師的朋友、設計科系的學生和喜歡設計的人一起分享的這麼一個單純理念，便一頭栽進出版的領域裡了。當時，設計書多以作品集、年鑑之類為主，想要找中文版的設計觀念書來看的話，恐怕很困難。也正因為大多數的人都習慣直接看圖片參考作品，許多朋友對是否有人會願意去看一整本滿滿文字的設計書大多有所質疑，所以並不看好我們的出版構想。加上當時工作室是第一次出版，各方面都遭到阻礙，最後只好一切自己動手來。事過境遷的今日，台灣的出版市場已經是滿地設計書了！雖然在一開始著手進行第一本書《設計中的設計》時幾經波折，然而從中亦獲得學習和成長，更體會到做這件事的意義，而讀者們熱情的迴響，正是讓我們堅持至今的動力。秉持著本身也對書籍設計的熱愛，我們一直計畫想要出版一本有關談論裝幀設計的書，而在介紹過原研哉、田中一光和龜倉雄策等設計大師之後，書籍裝幀設計大師菊地信義的《新・裝幀談義》便順理成為磐築十年的重點出版企劃，希望能提供書籍設計一個再思考的線索。

近幾年來，無紙化的推廣，加上Ipod、Ipad、智慧手機等電子產品的風行，使用閱讀器（reader）在螢幕上閱讀已是許多人的經驗。然而以有著觸感的紙張所印刷裝訂出來的書，真的會完全被許多人認為是低價下載在螢幕上顯視的電子書所取代嗎？如果下載書籍只需要少少的幾塊新台幣，那麼作家們能獲得的版稅會有多少？當作家無法賴以生存，又有多少人能持續寫作下去？而當好的作家減少、文字創作減少，自然也就沒什麼好書可看了！這些問題都是環環相扣值得探討的。而事實上，一但沒有紙本書後，當透過網路下載文件成了書唯一的媒介，而有被壟斷的可能性時，電子書是否還會採低價呢？而當電子書面臨著下載購買一次可立即傳閱多人的方便性以及可能被破解拷貝的嚴重程度，當不低於紙本的被盜版問題。在講求著作權的年代，例如在北美國家，電子下載版與紙本書籍的價格其實是相差不多的。再者，當停電或電源耗盡時，儲存在電子設備裡的檔案是無法被開啟閱讀的（在今年的一部北美新科幻影集〈Revolution〉裡，便有著在全球失去電力後，因為所有照片都存在手機裡，而無法再看已逝家人面容的悲哀情節），然而伸手可得的書本就沒這問題了，這些都仍是備受爭論的議題。我們認為，電子書和紙本書將會同時並存，由讀者各取所需。但書籍的裝幀勢必將走向更精緻的地步了。由於電腦化的進步，大約從二十年前開始，平面設計就已經不再需要用方格完稿紙完稿和貼上照相打字或排版清樣以及黑白影印的照片來編排；也不需要在完稿上面浮貼描圖紙，標上CMYK或色票以及印刷製作的細節，來交代給印刷廠的師傅了！一切的印前作業都可以直接地使用電腦軟體來解決，只要把檔案整理好就可輸出色樣跟網片，過去的手工完稿似乎已成了古董。然而，呈現在螢幕上跟陳鋪在桌上的設計稿，不論是文字、色彩或構成，在視覺上都是有所差異的。所以設計師便需要有更敏銳的觀察跟判斷力。菊地先生在《新・裝幀談義》裡非常清楚地將設計的元素，從觸覺面到視覺面的構成，配合他所作過的實際案例，做了很獨特的解析。

書不同於印刷在紙上的海報、明信片，或顯示在螢幕上的網頁等的平面設計，它是具有立體性的，就如菊地先生所形容，書是『在手中上演的劇情』、是有觸感的東西，它是立體的藝術品。如果只是將資訊放到封面上當裝飾而已是不行的，裝幀者必須要有豐富的構築素材的知識，還要有可以深深理解能帶給人們什麼樣的意義和印象。菊地先生的豐富設計經驗與獨特的裝幀觀點可給于我們一些不同的想法與概念。並且，閱讀實在是很重要的一件事！在此期待喜歡書與裝幀設計的朋友們也能因為閱讀這本書有所收穫而獲得快樂。

二〇一二年十二月于溫哥華

磐築總編輯　王亞棻

目次

一　裝幀

經折裝的書，從手中彈掉、而散落。當正在整理著摺頁時，前面的一頁突然和很後面的一頁並靠在一起，這一組合，前頁帶給了我意想不到的興致。兒時往事就這麼清晰鮮明地浮現在腦海當前。

從事海產仲介買賣的祖父，在戰後依舊活耀於他的事業，我是個凡事都由祖父親手打理、培育的家孫。父親是公務人員，整日埋首在他自己的工作中，我對他的記憶非常地淡薄，而祖父母大概是為了彌補我，而對我百般地呵護，甚至已經到了所謂嬌生慣養的地步了吧！

「不可以追逐嬉戲，如果跌倒受傷很危險的」、「不可以拿鐵棒之類的東西，如果掉落了就糟糕了」……那樣的話語總是圍繞在我的生活周遭。我是一個生下來既不知道奔跑的快樂，也不知道跌倒疼痛的孫子。一個人在自己家裡的院子玩膩了，又無法跟小草、樹木、昆蟲等對話，於是就跟自己的身體對話、因鐵棒掉落而受傷地開始去體驗與其他身體相關的事物。

到了小學，我既不是被欺負的那一方也不是欺負人的那一方，只是站在旁邊看的，是個包括自己和其他全部人當中，存在感非常薄弱的小孩。中學時，發生了兩件事，一件是我祖父過世了，父親並不打算繼承其買賣事業便將一切清算掉，為之一變，成了一個公務員的家庭。

另一個事件，是我與一張海報的相遇，那是美術老師給我看的一本畫冊裡的畫。美國畫家班・沙恩（Ben Shahn）所描繪的那張作品，讓我感到不可思議。畫中竟然寫有文字！

老師說：「這就是海報，是設計師製作的。在日本，設計也將成為相當重要的工作。」對有人把畫跟文字同時表現在一起的這件事，真的讓我非常驚訝！與這海報的邂逅，著實吸引著我這個還無法傳達自我的幼小心靈。與『設計』工作的相遇，擄獲了我這什麼都不懂且離走於生活的心。

雖然進入了美術大學的設計科系就讀，但是這學校乃是個往高度去成長的入口、學習如何讓生產與消費易於宣傳，也是一個肩負培育平面設計師的搖籃。在遞交實務專題作業時，老師針對我作品所使用的微濁色系，劈口就說：「設計不美是不行的！」那種輕視的表情令我很洩氣。

為了不要再有第二次的原子彈事件，自信滿滿的設計師和攝影師，使用在廣島遭到核爆而受傷的少女胸口疤痕的照片當宣傳，以視覺傳達的語言去說服人們事件的原委，恐怖得讓人感到有些心情低靡。

東京奧林匹克的海報，用快門拍下短跑者起跑的那一霎那間的畫面，不知為何，竟與我被禁止奔跑的童年記憶重疊，而心存反感。感覺那個快門並沒有提及運動，好像是把做的人和看的人的世界給切割開來的是不是呢？

設計是溝通的手段，是將一方的訊息傳達給另一方；並非藉由媒體的媒介將資訊傳達出去，而是揣摩人與人之間想法的溝通。我想，設計的智慧與技術就是為了這個使命吧！

我大學肄業的那年，看到少女的疤痕照片，而去搜尋跟廣島有關的書籍和過去的新聞報導，溝通傳達到底是什麼，就只有自己去探尋了！

有一篇撰寫核爆體驗的報導，敘述：「一回過神就被壓在瓦礫堆中了，身體動彈不得。臉旁就躺著一個人的身體，生死不明。然後，自己又失去了意識，感覺到臉頰上有溫暖的水氣。還有人的尿臊味，那難以形容的溫暖，讓自己激起了求生的意識。」

在地方新聞報導裡得知，疤痕照片的設計被利用來作為人們的共同恐懼和悲傷的記號，這個報導也激勵起二十幾歲的我往前邁進的力量。

七〇年代初期，縣廳的消費生活課設計製作了一本《聰明消費》的小手冊。裡面集結了〈不要塑膠〉、〈選擇衣服的方法及保養方法〉、〈分期付款的知識〉等等，消費時需要注意的知識所彙整編輯而成的冊子。

讀者並非『聰明的人』、『聰明的生活者』，而是單方面地被歸類在消費者角色。這難道不就是一種，為了製造出消費者，使其順利地大量生產、消費所製作出的小冊子？我想他們應該是用這種想法去設計製作出來的吧！大約有十多本脫離主題的冊子。

這四十幾年來，還談不上有什麼豐富生活物資的情況下，豐富每個人心靈的物品被商品化、資訊化的意義價值消費，美好的消費型社會出現了！

前一陣子，來到京都的黑山，有一間以紅葉著名的寺廟。當時人山人海需要排隊依序進入，來到了前幾天電視台所報導的景點時，「就這裡！就這裡！」一起拿出了數位相機或手機來拍照，像是在紀錄影片裡看到的北美草原裡的一群土撥鼠一樣。但與傳達設計相關的人，會侷促不安地遠眺著。這些人，最後即使不是為了看顧著自己的生命，至少也是盼望著可以為他人創作出有意義有價值的消費。因錯將散落的紅葉看成是人的血跡，而開始害怕起來了。

進入美術大學的那一年，我閱讀了一本作者名叫愚蠢，但沒有書名、出版社、裝幀者等資料的書。然而它卻緊緊地抓住我的心靈無法脫離。當初連裝幀是什麼都不知道的我，卻為之心醉。
我拿到了熬夜打工賺來的一千五百圓，去買了莫里斯・布朗修（Maurice Blanchot）的《文學空間》（L'espace Littéraire），這是我第一次拜讀他的作品，就像是閱讀一篇藝術品一樣，「作品，沒有什麼證據地存在著，並且，沒有什麼用途地存在著。」所以並不是要從作品中獲取什麼樣的知識，那『作品』是什麼呢？是要自己本身親自去思索探求的。
與其說學習設計，不如說，審視被設計所吸引的自己，只有把自己創作的設計做出來。激勵我有這樣子想法的是布朗修《未來之書》（Le Livre à venir）中的一句話：「與想像的事物相遇吧！」。
「這並不是要如何唱得讓人滿足，而是要讓人們了解歌曲裡純真泉源和真誠幸福的方向。但女孩們不過是依照著那不完全的歌曲唱著未來之歌，在那裡唱著此歌曲的行為則被視為是真誠地開始把航海者引導到那片空間。所以，那些女孩們，並不是欺騙航海者，實際上是要引導他們到目的地。」

像藝術品一樣的文化和作為藝術品的書籍姿態去導引，以設計為思考的書籍裝幀，一心想要做一位獨立的裝幀設計工作者，實踐此夢想是與此書相遇十五年後的事了。

二 框住和解放

書是創造人類心靈的工具

在書籍裝幀工作中，一直不斷地重複著一句話，那就是「書是創造人類心靈的工具」。從兒童繪本到學校的教科書，以至於文學書籍，心靈是藉著閱讀而成形的。

人從出生的那一瞬間起，父母、家庭，進而社會全體都是被創造出來的。我想，社會就像是製造紡織品的地方，創造出每一個人；然後，每個人再編織出我們所生活的社會，把我們的存在編進社會的故事情節裡，我們無論如何也不可能從自己所存在的社會中跳脫而獨自生存的。

我想，閱讀這件事有好有壞，它要不是能創造一個人的心靈，就是一種鍛練的工具。家庭和社會是直接體驗的地方，也可以間接地用眼睛、耳朵去看電視、電影或聽音樂來體驗。閱讀，是把那些體驗和資訊主體化，是創造心靈的工具。

或許這觀念有點兒太偏激，但我想這樣的閱讀培養了每一個心靈實際的生活體驗，也是一種改變社會的力量。

閱讀一本優秀的文學作品時會有緊張感，然而讀完後竟變得不明白在讀什麼，卻又被吸引到文字所創造出來的時間與空間裡，而活在閱讀的體驗中，但是閱讀的體驗是不會終止的。

經由閱讀文學作品可以獲得知識，且可以從知識裡獲得自由，是一體兩面的。例如，當心想「人就是這樣」的同時，另一個完全相反的想法「人是無法理解的動物」卻也隨之而來，而產生出寬闊的心靈，頑固的心被掘起了，任風吹過去。

人是活在每一個現實的瞬間裡，只有靠知識是生存不下去的，擁抱一瞬間心靈的深度是非常重要的，我想就以這種形式活在閱讀的體驗之中。

作品擁有的力量

裝幀是將作品化為書籍的設計，裝幀的目的是要誘使看到這本書的人心動，有想要閱讀的意念，並吸引著讀者真的很想去閱讀它。

裝幀的表現是把作品變成書，而文學書的裝幀並非只是把作品的內容資訊化地放在書衣和封面上當裝飾而已，是從作品中讀取表現的要素，去建構出來的。光看裝幀是看不出內容是什麼的，但就是有一種想去閱讀看看的誘因，這就是裝幀。

最近在市面上藝術性高的文學書中，新書初版的大約在數千本左右吧！而在坊間就只有一本是我在裝幀設計中放入一些技巧性手法的書，說不定這本書只有幾個人傳閱。

但如果這些人都非常用心地閱讀吸收之後導入經驗裡，讓作品的力量萌芽的話，他們就會在不知不覺中將作品的一部分發揮還原到社會裡。我想，這所產生出來的東西不就是文化嗎？

有被閱讀的作品，就表示它是真的存在著；沒被閱讀的書，即使出版到市面上也等於不存在一樣。用語言標記的作品，不管是只有一位讀者或許多讀者，都可以說作品就此誕生了。

讀者是讓作者活下去的人；作者的支柱是寫作，讀者的支柱是閱讀。讓閱讀的人心靈豐富，即使沒有任何一篇評價，也可以傳達給作者的。與作品相遇之後的人生，即使沒有支柱還是可以大步地往前邁進，書籍是創造心靈的工具，也是支持心靈的手杖。

如果把一個作品比喻作花芽，書就是花蕾，只要數人閱讀過後，花朵就會綻放開來，我想這就是存在的意義。

經歷一個人的花開，使他結成了果實。譬如，有人為他寫書評，我想這就是開的花已經結成果實了！

評價就是果實，總有一天會被作家看到，這就是回饋輪轉。

我想作家們寫作也很期盼被評價的結果，如果不是的話可能就沒有寫作的理由了。被閱讀、被評價，那些具體的形式，我認為並非是評論，被裝幀吸引而去閱讀作品的人會開出別的花朵、結成果實、深埋於內心深處。經過數年後萌芽，寫成的作品或許也會開出綻放的花朵來，而作品的閱讀者，也有可能會變成作家的。

裝幀的四種表現方式

仔細察看書店裡排列的書籍，發現到裝幀是有模式的，依表現類別來整理，只有四種。

第一種模式，就是大學期刊、論文的風格形式。沒有書衣的封面而是以白色為基本，印刷油墨則大體上是以黑色單色來印刷。但最近的期刊變得比較花俏艷麗了，而在人文學科和自然科學的學術書籍的裝幀中最常見到這樣的風格。

文字排版的基本是四十四級以下，大約是一公分見方以內的文字為中心。在封面印上書名、作者名、出版社名，除此之外的資訊是不會放入的，文字基本上採橫排，但偶爾也有直排。

不僅只是模式而已，對書籍而言白色是非常重要的顏色。一般白色的紙會給人乾淨、清潔的印象，純粹是擔負著思考和理論這樣的印象吧！學校期刊的風格是以白底為主，關於『白色』將會於別處再詳細探討之。

當然目前裝幀設計已經變得無邊無際了，娛樂相關書籍也有用學報期刊的裝幀模式去設計製作的。

第二種模式是說明內容的風格。使用插畫和照片，放在封面讓人一看就能理解的裝幀方式。什麼樣類型的書最有效呢？是實用、娛樂方面的書籍，因為實用書讀者的需要是有目的性的，所以使用『有目的』的視覺最有效。而休閒娛樂類的書，如歷史小說、推理小說、言情小說等，由於讀者的目的都是非常明確，因此就有必要讓讀者對內容能一目瞭然。

第三種模式，並非說明而是以解說為主的風格。非小說類散文文學、紀實文學，還有在部分的實用書和學術書籍中都可以看到。由於散文文學和紀實文學是以社會化為主題，但會有光看書名還是會讓人摸不著頭緒的問題。

因此，以文字、照片、圖表、圖版等構成來標示出成為主題的人物、事件和歷史的來龍去脈，加上淺顯易懂的解說標題和副標題是必要的。

第四種模式是，高藝術性的文學書風格。從作品中領會文字的風采和性質的要素而構成的裝幀表現。

這種模式的書籍是無法只看一眼就能知道裡面內容的，也不可能從對作者和書名所抱持的印象，或從被添加的視覺和直覺中去理解作品的內容。反過來說，就因為不知道所以產生了謎樣的感覺，這就是這種類別所要的裝幀表現。

在此先說明，我並不是要說這四種模式的裝幀表現哪一個比較重要，每一種類別都有它的歷史過程而產生出來的風格。在現今成熟的裝幀背景裡，這四種模式都已經變得千變萬化了，在考量裝幀時不如多去認識理解眾多新刊書籍的裝幀模式還來得重要。

書這東西

書與海報不同，是剪裁折疊的紙張，再裝訂成立體的東西，閱讀時可以拿在手中翻開封面。

我稱它為『在手中上演的劇情』，因為書是有觸感的東西，所以無法變得自由，它是立體的藝術品。書碰上了閱讀它的人，被拿取、被閱讀，這也就表示那一本書的存在了，被拿取的那一剎那間就是那本書的開始。

文學書也以商品的形式在市面上流通，但與其他商品不同的是，它屬於少量、多種類的世界，與龐大的公關經費做促銷的商品相比的話，它算是沒有什麼宣傳的商品。

所以書籍裝幀一方面就像是海報和新聞廣告一樣，有不得不告知人們它存在的任務。而且若是四六版三十二開的書，表面是長二〇公分、寬十三公分的見方，若是兩三百頁的書，書背寬度大約只有兩公分而已。所以放在書店的平台或架上，為了加強在這小小空間裡書名和作者名給人的強烈印象，從作品中讀取到的意象，則必須清楚地表現在文字、色彩和圖像上。

譬如書名取為『青空』，作品的印象就會選用藍色，那種藍給人的是什麼樣的印象呢？就必須要動動腦筋想一想再定奪了，並不只是色彩，還有文字的字型和圖像也是，都要同樣地將作品資訊化。

我在裝幀表現上會考量到另一個面的問題，人們的視野是『封閉』的，人們對色彩和圖像都懷有共通的印象和意義，以社會的符號存在著，有著那樣的色彩和圖像，也就成為設計者的智慧了。

書與海報不同的是，人拿在手上閱讀的同時，那觸感就是體驗的開端。視覺上的色彩和圖像的意義和印象，在社會上已被當成符號了！但觸覺的印象是個人的，而根據這觸感的性質，應該是可以『解放』對顏色及圖像的符號性吧！我對設計另一方面的智慧是可以考量去『解放』人們的心靈，用視覺的要素框住人們的眼睛、觸覺的要素解放人們的心靈，我想這就是裝幀所要追求的設計。

把已知（框住）轉換成未知（解放），手中的劇情，去觸動人們想要解答劇情中的謎題一樣，我想這就是燃起閱讀行為的火種。

人會想默默地閱讀一本書而去書店，在這樣場合下也會有「是好書耶！」這樣印象的書印入眼簾中。拿在手中先看看書腰的前後、瀏覽目錄、瞥一下前言和後記，最後就隨意地翻閱書的內文，然後停在某一行開始閱讀，裝幀的工作就是把內容反映在標題上，讓讀者在和作品相逢之後會帶著走向收銀台。

不管是怎麼樣的作者的作品，出版成書放在書店後與讀者相遇的瞬間，想要先給人「這是一本好書」的印象。更多著名作家的書，希望可以在第一次與讀者相遇時貼近他們的心靈、吸引他們的目光，希望在作者名及書名被察覺的前一刻，給予讀者「這是一本好書」的印象，我想這就是好的裝幀。

這並不是強行非要裝幀不可，作品在被閱讀的行為產生時，會來閱讀的讀者的眼中，不會是作者、出版社、更不用說是裝幀設計者了，只是想要閱讀看看而已，就是如此透明地存在意義。

裝幀的工作流程

那麼，具體上裝幀設計是什麼樣的工作呢？以文學書為例，首先是內文的組合方式，從目錄、版權頁到書本內容的設計。

接下來是書的形體，書背是圓背還是角背？裝訂是要平裝還是精裝？這樣的判斷是編輯們常會被問到的事情。

裝幀者追求的是要將作品的內容跟作者在社會的形象表現在書籍的形體上。如果厚度不同，書背的印象也會有所變化，非常重要的是形狀所引起的印象多數都會被放在腦海裡。

現在的出版，在流通上的條件、印刷裝訂的成本上問題很大，「四六版、平裝、書衣四色印刷、銅版紙上ＰＰ膠膜（聚丙烯）、封面和書名頁印單色」等等，有許多附帶的條件，而在提案時也不斷地被提醒著是不是可以在成本上下點功夫，還有像封面兩色印刷且文字燙金之類的，所以印刷費和紙張價格的知識也很重要的。

第三就是書本紙質的定位——書衣、封面、蝴蝶頁、扉頁的紙張。最近甚至連內頁紙質被詢問的情況都增加了！

各色各樣的內文紙，從淺乳黃色到深乳黃色、從粉紅色到純白。還有，紙張磅數有重的和輕的，同樣重量的書，也有減少厚度或者增加厚度的，各種方式都有。因素材的不同，手的觸感也會有所變化，紙質在裝幀表現上佔了非常重要的地位。

第四是決定印刷的方式。最近已經不太使用活版印刷，改以平版印刷為主，而以前傳下來的燙金和新的加工技術也已經出現。不僅限於出版物，在包裝和商業印刷上，醒目的技法是有必要先做確認的。

這四個裝幀的基礎是先與編輯討論決定大致的方向，實際工作則從看校樣開始。依作品的種類內容，設計出書的書衣、封面、蝴蝶頁、扉頁，如果要裝書盒那盒子也要設計，若是做精裝本那也要決定花布跟紡線。

在網路書店買書的人，只能依書名和作者名下訂，無法親自觸摸到書的厚度和重量。

我想，最直接與書相遇的地方畢竟還是書店。在書店因緣際會下看到了喜愛的書而去購買，那樣的機會是不能放棄的；而在網路書店購買，則是以記號去購買的。

誠如先前所說的，人是在關係中生活的，自己跟他人互相碰上後，產生了新的自己和他人。但實際上是一種加了邊框般的關係性的東西（生產者）掌控著這層關係，而衍生出消費者的妥協跟屈服，書就是作者與讀者之間的記號關係，作品並不是真的被閱讀的。

理想的裝幀是要宣示真正的關係性，為了這個理想，我用心地將『自我』抽出後轉換成『他人』。因為當考慮到『他人』時，就可以從作品中領悟出其中的意象，而毫無疑問地是由於沒有『自我』的關係，更別說存在著『他人』之類的東西是多麼地傲慢了！年幼時遠離『自我』成長下的我，是那樣想的。編輯對作品的想法在書店與人們相對眼的那一刻，我想裝幀就因在人們手中的觸感而有了生命。

希望在書店的平台上，不是被標記為知名的書，更不是裝幀者的東西，而只是一本讓人目光佇留的『好書』、有如沁透人心的透明藝術品。

對作品的理解力

工作是從編輯者委託裝幀、提出「是某某人的這樣的書……」的需求點開始，剛開始跟編輯討論是一件重要的事。

如果是專業書、實用書或娛樂相關的書籍，可以藉由與編輯的討論中了解作品的內容。不需要讀過只要聽取，而需要的圖案和文字編排可以在那場討論中想像得到，這種類型的裝幀是要將意思和印象確實地傳達給人們。

例如，天皇的獨特研究書。在討論時，從數個肖像中挑選最符合這個研究的肖像。對我而言，與負責的編輯人員討論，是『讀取』，那和閱讀作品是相同的意思。裝幀的基本要素便是汲取。

然而就文學書而言，實際地去讀完被委託的作品會比較好，這是為了要獲悉在裝幀表現中需要的文字字型和色彩印象。雖說讀取但並不是說在作品中具體地去記下標題文字是哪種字體、顏色是紅色等；而是領會在閱讀作品時所被觸發的色彩印象和字體。

文學書的裝幀，從閱讀作品開始，就必須理解裡面的意思。這與專業書和實用書不同，若是一眼就看穿的裝幀設計，人們是不會伸手去拿的，與其說作品的藝術程度，不如說文學書的裝幀設計不可欠缺的是『謎』！

誠如剛剛所說的，把已知轉換成未知，抓在手裡的劇情，心動地想解讀其中的謎題，這就成了引發讀者閱讀行為的火種。人們將目光佇留在裝幀設計上，被挑動的心，為了尋找那個理由而拿取書本，開始閱讀。藝術性高的文學書也有因為書評或者是喜歡作者的作品而去購買的，但是在書店裡看到了，在快要到手時，雖然無關意識的有無，但沒有謎樣的裝幀是無法引導一個真正的讀者。

例如，喜歡這作家的作品，所以一直到現在的每本書都讀過，當在書店裡看到了像這樣作者的新書，如果裝幀方式與之前的印象並沒有改變的話會怎麼樣呢？

量產作家會集結之前的著作，所以裝幀的印象對閱讀就非常重要了。文字編排設計、材質感、色調、圖案的走向等，之前「這就是那作者的特色」的深刻印象已不知不覺地烙印在讀者的腦海中。所以在人們的潛意識裡已被那『特色』給束縛了，因此要將那個已知的『特色』轉換成『未知』。

相反地，在裝幀新人的作品時，如果作者是以獲得雜誌新人獎而出道的話，就必須閱讀這位新人相關的選評；而為了瞭解這作品，還要更進一步地閱讀這作品的推薦者（大部份作家）的作品，在不知不覺中想像這未來新秀的作品會吸引什麼樣的讀者。

無關有名或無名，解讀其『特色』，化成謎是非常重要的。人們對謎和『為什麼』是相對應的，而且堅信可以與自己的對象相遇。

重複一下，讀者對於『解放』這件事，人們會產生輕微的不安。會有「自己的理由應該已經胸有成竹了才對呀！但是為什麼不是呢？」這樣的想法，而這也變成了閱讀的火種，自己去閱讀，從書中探索『為什麼』的答案。

我想，文學書籍只是以『框住』、『特色』來被裝幀是不幸的，我認為裝幀是一個未解之謎，想成為一個問題。明明是知道的作者的書，卻使用不同的字體呈現，產生出不同的氛圍來的『為什麼』，我認為從潛藏於裝幀中的『為什麼』去引導閱讀的開端是很重要的。

我的理由是想做出，讓讀者跟隨著作品遨遊，解放心靈的裝幀這樣的作品出來。

裝幀的構成要素

為了作品要變成書本，為了建構謎樣的裝幀設計，我從作品中讀取出了七個要素。

首先第一個就是文字，在封面和書背標記的書名和作者名的文字風格，第二個是紙質，第三是色彩，第四是圖像，到目前為止都是具體的東西。

然後，第五是時間，第六是空間的想像，這些就是抽象的東西。書是立體的東西，到了人的手裡書就會產生自己的空間、時間的流逝，所以無法讀出作品的時間和空間的想像。

當然，所有的作品並不限於需要這些要素。極端地說，作品不需要文字意義以外的要素，反之的意思就是說也有一些拒絕在意義上與印象有關的字體而被聯想的作品。所有的作品並不需要有這六種要素一並存在，欠缺其中某要素的作品其裝幀設計也會變成特色，能將這六種要素都淋漓盡致地呈現出來的作品也不多。

接下來是第七種要素，這並不是屬於作品本身，而是歸屬於裝幀表現上，也就是六種要素的構成。從作品中擷取出裝幀設計所需要的七個要素，整理如下：

①文字

②素材（紙）

③色彩

④圖像

⑤時間

⑥空間

⑦要素的構成（多層次的版面編排）

在下一個章節裡，會再具體地個別說明。

三 文字

文字的構成要素

閱讀時我會先看書名和作者名的文字形象。至於書名的意思和作品的內容、作者的經歷和作品的評價等，之前有提到是從編輯那裡取材的。如果是第一次經手的作者，則會收集他的著作。即使出版社或裝幀設計師不同，但在同一個作者的書的裝幀裡，也會有共同的『一些什麼』的蛛絲馬跡。這不只是考慮到文字而已，其他要素的解讀也是非常重要的，所以裝幀設計者必須要有『一些什麼』的直覺力。

當然並不是全部作家的書都有『一些什麼』可以找尋，一般而言沒辦法領略到作者的『一些什麼』，可以說是沒有遇到好的裝幀設計。裝幀是什麼呢？裝幀者會給予這本書最終的形體，是集結編輯、出版社的製作負責人，再加上印刷、裝訂、通路和讀者、作者的想法所形成的作品。

從作品想得到的字體層級，分成明體、黑體，有大小、細粗的文字基礎。由於很多日本平假名標題是不同的字體，因而印象各有差異。明體也是如此，具體地從字型和打字樣本裡挑選字體，然後打字，其中有長體、平體、斜體、暈體、圓體等文字表情，與其他要素和構成階段所產生出來的。

日本語是結合了漢字、平假名、片假名的文字，是世界獨特的文字。外國的書籍設計師拿到只運用文字設計的「講談社文庫」時就稱讚：「日本語的書籍設計是第一的」。

拼音式的表音文字『bird』就算用斜體來拼寫，也看不出是一隻鳥的形態。漢字是表意文字，仿照實際物體為對象所創造出來的象形文字，從「鳥」這個文字，就可以看出鳥的影像潛藏在其中，如果用成斜體，就宛如看見一隻鳥在天空翱揚的感覺。

不僅漢字，還有以漢字為基礎創造出來的平假名、片假名也是，各有其獨特的印象，所以便有只運用文字就可以做出裝幀設計的可能性。極端地說，只要有紙跟文字就可以製作裝幀，所以裝幀的重要因素在於文字。

但是漢字並不是日本獨有的文字，是大約三千五百年前在古中國所誕生後，發展出來的漢語文字。然後在五世紀前後由移民者傳入日本，到了平安時代，打破漢字而由日本人創造了平假名跟片假名，日本人使用漢字也有一千五百年的歷史了。

中國文字的發源起於皇帝時代，傳承於倉頡參考海邊沙灘上鳥的足跡而創造出的象形文字，但考古學裡現存最古老的文字，是在紀元前五百年前殷商時期，將占卜結果契刻在龜甲上的甲骨文。

之後，又有鑄刻在青銅器上的鐘鼎文，延續到周朝，但春秋戰國時代各地方通用字體各有差別，是個多樣化的時期。到了統治天下的秦始皇著手進行文字統一時出現了篆書，然後篆書變化成隸書，據說草書、行書也誕生了。

文字是語言的形狀化，特別是表意文字的漢字，每一個字都存在著中國人的思想形態。

必要的話，在漢和字典裡查「選」這個字便會有所感動。辶字邊，有二種意思的表現；一種是「走」的意思，另一種是「回」的意思，二個意義合而為一就變成迷惑、猶豫的潛在意思。辶的上面是巽有「奉上」的意思，從這個字裡，腦海裡浮現出「想奉上貢品給皇上，但不知道這貢品是會讓皇上歡喜還是讓自己導致殺生之禍呢？」的煩惱畫面。

另外一個字「道」也是辶字邊，旅人為了誇耀自己的強大，提著敵人的頭當燈行街示眾，但是迎面而來的人或許也有提著三個頭的也說不定。「道」也有在來回於內心深處潛藏著的意思，畢竟「選」的動詞和「道」的名詞，都有著令人迷網的涵義存在。

漢字是中國人經過三千多年歲月培育的思想所形成的，有的作家認為日本的漢字是借用語言，這是國外的語言與自己發想出來的是不可等同而語的；也有把它想成是自己的語言，實際上是把自己的感覺用漢字翻譯出來、漢字書寫出來的想法。

經過了一千五百年來使用漢字書寫、用漢字思想、創造出平假名及片假名，這都是從漢字的意義裡孕育出來的文字，裝幀的文字輸入主要是用電腦文字輸入法。在裝幀裡使用的文字空間從凸版鉛字到照相排版打字，然後從電腦軟體挑選需要的文字的字型呈現在螢幕上，原稿就不需要再用筆來書寫了。沒有意識到被放入思想的文字，是擔負著最重要意義的記號，被視為標誌一般，裝幀的文字看起來好像非常地脆弱。

文字的印象

擁有長久歷史的漢字，因為經歷過不同時代的演變造就了不同的字體，重要的是可以從字體裡找尋其歷史的背景軌跡。

文字是會因書寫在不同的媒介物上而產生變化，而衍生出新的字體。

漢字字體的祖先是以篆書為根基發展出隸書來的，當時是將文字刻在石材上，皇帝的敕書會刻在石碑上放置於街頭。碑文的刻印方式是先將文字書寫在木簡上，再複寫在石碑上雕出文字出來，木簡的木片縱向有纖維，文字要用橫向書寫有其難度，所以縱橫力道強度均一的形況下，字體就會像黑體。這就是原始敕書所呈現出來的文字體，現代的人們也會感受到隸書威風凜凜的風格，所以有必要展現這種威權感的紙幣、股票、新聞標題等都使用隸書。

隨著時代的前進，政府官員在書寫平常公文時，必須要花時間書寫正確的隸書，隸書就此演變成行書和草書，但是官方用的字體還是沒辦法在木簡跟竹簡上自由地書寫。

唐朝時發明了紙後，因為可以自由地運筆，瀟灑的楷書就出現了。紙張並非只是運筆方便而已，對於流通和生產面也比石材好發揮，於是文字便廣泛地被運用，在那之前文字因工具而被限制的情狀，在許多地方已經變得可以使用了。

到了宋朝因為木版技術的發展而產生了宋朝體的楷書，清朝時期由於歐洲傳教士為了要到中國和日本做基督教傳教的工作，就有製作辭典的需求了。而挑選出與英文公文相吻合的字體就是明朝的楷體，縱、橫、細、粗剛好的明體變成中國、日本使用印刷字體的基準。

日本在明治時代開始有凸版印刷，使用了明體和黑體。此後大約七十年，也就是從現在往前推三十年，有了照相排版技術，新黑體字系統被開發出來，只是大略地想一下就有超過一百種以上的字體被使用。近年來，電腦字型也出現，所以這十年間又增加了更多的字體。

但也並不是使用了新的字體就會有什麼不同，譬如「行」這個字，它的意思不會因為用明體、行書和或楷體而有所改變，但會因字體而有不同的印象。

在瞭解字體的同時，思考著那字體擔負著什麼樣的印象，從電腦軟體裡挑選文字，了解鉛字以前文字的歷史和字體的印象是非常重要的。

在裝幀中，文字設計擴及到顏色和圖像等視覺要素，但始於被社會化後操作出來的印象。

字體給人的印象是什麼呢？就讓我們來看一下，以自動販賣機裡的寶特瓶和罐裝飲料的外包裝為例。

綠茶的保特瓶文字商標，大部分都是以明體為基礎，咖啡罐則是以黑體的歐文或漢字為主。而在紅茶中最常見的是比明體還纖細的字體為基礎，因為知道是要放在休閒飲料外包裝上的字體所以才會有此安排。

這是在每個不同物品容器的歷史中，依容器和說明書、廣告等特徵所使用的文字字體伴隨著物品深入人心的結果。在日本，綠茶所呈現的字體大多為明體，這也是一種文化的表徵。

只要看到包裝就知道是休閒飲料，這也可以說是一種社會的「既定框架」。

這並不僅限於飲料而已，外包裝會以人們對顏色形狀等感覺印象為基準來設計。裝幀也是一樣地，作者就用作者的印象設計，種類就用種類的印象設計。如果是吉本隆明先生的話，就以吉本隆明先生的特質去裝幀設計。

如果我有接到吉本先生新書的案子的話，目標是要做出可以引起讀者興趣的裝幀設計，嘗試用當今流行的字體會引起讀者拒絕的反應，因而必須保持其「既定框架」吧！

模糊字

從各式各樣字體裡挑選文字的作業，對我而言只是考量到如何讓字體本身的印象可以自由地發揮。

關於裝幀的文字選擇每個人都不同，有人主要考量到文字的表現要素，也有人將意思跟印象圖像化。

我當初開始做裝幀工作時，文字是裝幀設計構築的一個要素，首先這個意思主要的是，除了字體的印象外，其他圖像和顏色等的相互關係都必須要考量。

但是在工作中，讓我強烈地體認到從字體上是不可能消除掉既定印象的，在平面設計的社會中，使用明星設計師、在話題性強的廣告裡用極為漂亮且新穎的字體，這對於有著溝通的重要要素的文字角色而言，就不需要再多說了，自然會認為只有字體的印象被消費。

依據資訊量和傳達者的明星氣質，也可以給于字體附加價值。

關於傳達設計這個東西，我想就是訊息的傳達者和接收者間為了理解彼此的溝通而所採取的手段。

因此，我感覺到設計師的審美意識跟權威的表現，不是用溝通，也不是被強求傳達的。若設計是溝通的工作，那麼除了從各種各樣的字體中依照自己的目的選擇字體外，就是該如何處理好文字、要怎麼樣才能從字體的印象及歷史性裡掙脫出來而獲得自由。總之，楷體有楷體的既定印象，黑體有黑體的既定印象，要如何將其印象抹去，是該開始探索的時候了。

裝幀表現吸引了人們的目光，然後只是馬上被理解地說：「啊～這就是我在那個作者廣告中有看到的那本書」這並不能實現原來的目的。從認識這本書到誘發實際購買閱讀的行為，在認同書的同時也必須讓人產生謎樣的感覺。與本來就眾所皆知的作者不同的地方在於，讓人由內心發問出：「為什麼呢？」誘使人們為了要尋找答案而產生購買行為。

文字這個要素，要怎麼樣能產生出謎樣的感覺呢？最初想到的方法就是讓文字模糊。模糊的文字讀起來，給人「這到底是什麼呀！」的感覺。這和明體之類的有點不同，像是喝了什麼很苦的東西般地感到不安，於是產生了「哎！」的情緒。

並不是為了引人注目而使用新的字體，而是察覺到即使模糊既有的文字，也會把人們的視線給留住。

在一個偶然的因緣際會下，產生了模糊的文字。在趕一件很急的工作案子時，從照相排版操作人員寄來的打字相紙中，殘留了錯誤的印字，因為排版鏡頭跑掉，導致文字模糊掉了。所以被委託的照相打字稿，就這樣印下去了，被弄錯的文字就跳脫掉文字的協調性，文字的周圍變得模糊，而呈現出前所未見的粗字體。

基本上排版文字有這樣的一個制度，就是可以選擇「細」、「中粗」、「粗」、「特粗」的字體，讓操作人員改變文字模糊的程度，就可以印出模糊的字體出來了。由於漢字有各種筆畫，能改變濃淡程度，所以可以做出「粗」和「特粗」之間的粗體及「超粗」的字體。

模糊文字還讓我注意到另一件事，就是文字間距的問題。遠看模糊掉的文字是無法閱讀的，但近看模糊文字的字芯就能讀出寫的是什麼文字了。

一般在書店平台上的文字如果大一點的話，即使從遠處看也讀得到，如果字小的話就會看不見。不在意文字大小的人，會注目在文字的意思上，然而從遠處看好像字體很大卻無法閱讀時，就會想靠近一點，我想若是模糊文字的話就可以產生這樣的結果。那些讓人們目光佇留的字體也就變成了文字，相對地也帶來了意義。這到底是字體還是不是呢？字體是讓人視線留住的，但是與文字意思要成為一體，我想在這之前，文字是不會引起他們興趣的。裝幀是要讓書的本身去吸引人們的目光，理想上是要讓文字的意思比較慢一點發酵，為了這個目的，模糊性的文字就常被使用了！

斜體字

我第一次使用斜體文字的契機是接到一本書名很長的裝幀工作開始的。雖在廣告等上面常看到斜體字，但是我想我是第一個開始大量將斜體字運用在裝幀的書名和作者名上的人吧！

三十年前開始裝幀工作之初，也是書籍出版數量開始劇增的時期，書變得越來越不好賣，也難怪出版商不得不增加出版量。

發行量少的時候，文學書的裝幀工作一般都是由畫家或者編輯親自製作的，數量增加後，就必須要有專門的人來負責，因此裝幀設計就變成了一種因出版品的數量增加而所帶來的新興職業。

當時，裝幀者是獨立工作者，一個月也接不到十件案子，若有時間就會到附近的大型書店裡看看書，有時甚至會在書店裡消磨掉大半天的時間。

被使用在封面的字體，會依照類別使用相似的字體，即使出版商和裝幀者不同，也會依類別選擇相關字體。哲學和宗教、西洋史和日本史、電影和話劇、單口相聲和能樂等等，這是我隨意做的比對。除上述之外，在四六版（廿五開）的空間裡，有混著漢字和平假名的、也有擔負著某種意義的標題，根據版面設計編排，有動態也有靜態、有知性的也有感性的，我想這就是我大量吸收文字編排設計期間所獲得的經驗。

累了的時候，會到夾層去，從咖啡廳眺望一樓賣場看書的人們。因為是位在商業街上的書店，中午時，放置新書的平台周圍擁擠到令人動彈不得。好幾次看到斜著身子找書的視線，和在書架旁伸長手臂的人們。

隨著發行量的增加，大型書店不會將書都朝同一方向排列，而是放在可以繞行一圈的大平台上，讓人從平台四方拿取的方式排列。書也不是朝單一方向被置放了，有可能是正面朝向人，也可能因為角度的不同而看起來上下顛倒，也有可能是斜放的。

我發覺到這樣的演變，實際上在平台和在書架上的書並非只從正面被看到而已。

封面的文字，也有斜著與人們相遇的。在封面上斜放的文字如果從斜的方向去看的話看起來是筆直的，而從平台的正面看的話就變成斜的。我「察覺到」在封面用斜體字設計，就看的人的角度，應該是會引人注目的。如果模糊文字是取決於人與文字的距離表現，那麼斜體就是取決於人與文字的角度。總之，文字的表現取決於人的身體。

正當有這樣想法時，在一個機會下接到島田雅彥的《為了親切的左派份子的嬉遊曲》（優しいサヨクのための嬉遊曲）這本書的裝幀設計。在我閱讀這作品的時候，我認為這作家對於小說的想法、作品本身的構造，有著某種搖晃的感覺。「文字搖晃」的想法，便掛記在我內心裡的某個地方。

即使如此，剛開始我也沒打算要使用斜體字，長書名也可以放在封面上，因為沒有什麼不自由或限制，所以還是可以設計的。但是，考量到書背的編排時，發覺到使用斜體的話應該可以解決所有問題。

這是空間的問題。

島田雅彥《為了親切的左派份子的嬉遊曲》（25開精裝本　一九八三年八月　福武書店）

「文學書比以前不好賣了」這句話常常被我看到或聽到。編輯在書腰和書背上也要考量到廣告文宣。文學書，理所當然地被放置在平台上的時間比較短，而造成大多都被放置在書架上。這種情況下的書腰，其書背就是唯一可以留下訊息的空間了，這心情是可以理解的。

到目前為止一般常識性的設計，書名長的會在書腰上盡可能地放大，書腰上會有作者名。但是如果使用從右到左的斜體字的話，書腰的右下方就衍生出放置作者名的位置來了。

這樣一來，編輯人員就可以在書腰的書背、封面的作者名下方可以放上廣告文宣。再者，因為書背和封面都使用斜體字，所以也成功地呈現出設計的統一性，作品的結構也因為有著某種的變動，讓編輯者也能同意那樣的設計。

陰影字

設計出模糊的字體引人注目的同時，可以導入距離的問題，例如『国』這個字，若把它模糊化，遠遠一看，影影約約地只會被看成『団』，趨近一看，就可以判讀出国的中間是玉

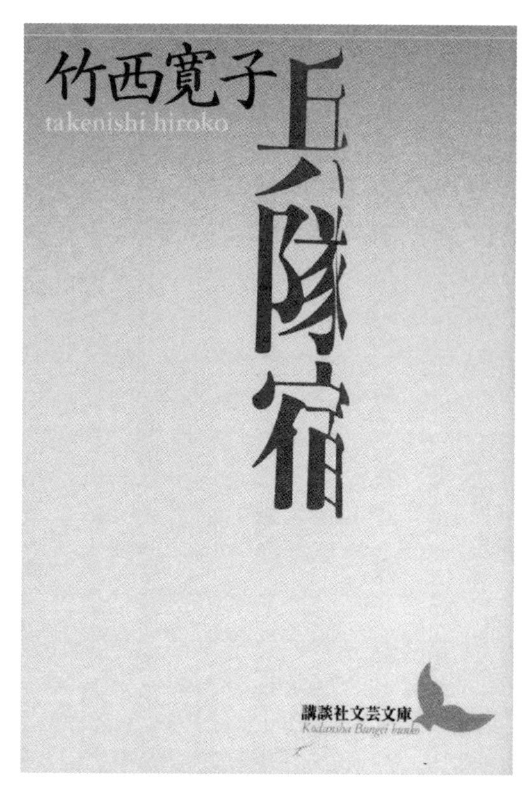

竹西寛子《兵隊宿》（講談社文藝文庫 一九九一年七月 燙金）

字。斜體字是視角問題，而模糊字應該是距離問題。

我在裝幀工作上試過了各種方式，發現人跟書會因為視覺的距離跟角度而對文字的印象產生變化，用文字的要素就可以實現導入人的身體所生成的表現。

這一連串的文字運用方法，其中一個是加上陰影。跟模糊文字同樣都是運用距離，從遠處看，是看不到陰影的，但拿在手中看，感覺文字似乎浮了上來。

這是講談社在裝幀文藝文庫時的一貫手法。〈講談社文藝文庫〉是以講談社的文學見識為基礎，將在戰爭前後出版的文學作品依序文庫化，創刊二十年來已經超過了八百本。

收錄在文藝文庫裡的作品，是因應讀者「以前閱讀過但好懷念唷！想再拜讀一次！」或者「知道內容，但到目前為止還沒有機會閱讀。」等心聲所彙整出的作品。

由於作品的價值認定是裝幀的意義，所以不使用圖像，而用文字和顏色去表現出作品的感覺。考量到完全已被社會化的作品形象，以及不要讓人各自懷有狹隘的印象。

最初的四年左右，書名都用燙金的方式。但因工作人員的嚴格成本計算下，發現平版印刷

色川武大《狂人日記》（講談社文藝文庫　二〇〇四年九月　模糊陰影字）

兩色和燙金並用與平版印刷四色的成本是相同的，再版時因為成本的關係就不使用燙金，改變印刷方式。現在用金色油墨替代，使用金和銀的油墨，以及創刊以來用的柔和色系來製作出文藝文庫的印象來。

書籍的書衣燙金風格是在文庫本時開始的。各家出版社紛紛加入文庫出版的時期被稱為文庫戰爭，為了有意要徹底地顯示出其差異性，所以創刊了純文學系文庫。

為什麼書名文字要使用陰影呢？是為了表現出「好像什麼似的」讓文字有謎樣的感覺。這樣說法是有些奇怪，不過，被印刷出來的文字是想要給人文字意識的印象，並非單純地只是扮演著好像什麼一樣的角色而已，我想是要讓人自行去傳出這謎樣的文字。反過來說，傳達出這作品就如你想的那樣唷！這文字的印象就是假扮成那種姿態呈現出來的。

與已知道卻沒有閱讀過的文藝文庫作品相遇，拿在手上就浮現出已經知道的書名出來。用視覺效果，打動了想要閱讀的心。

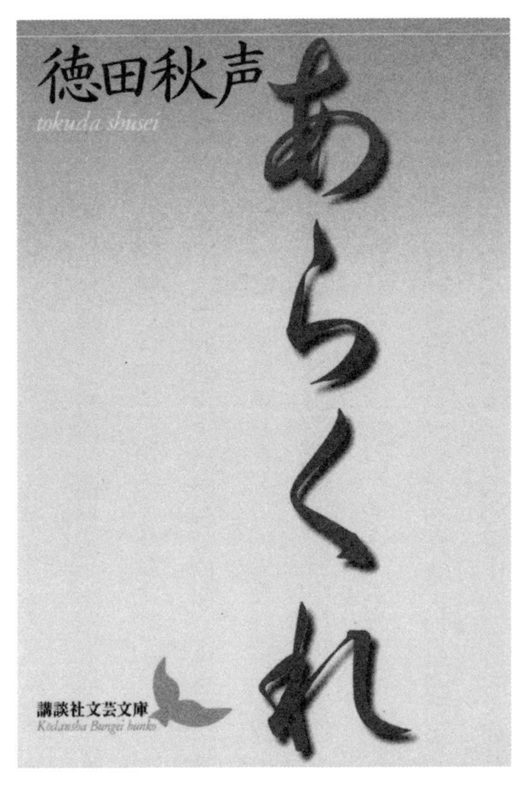

德田秋聲《暴力之人》（講談社文藝文庫 二〇〇四年九月 陰影字）

對文字編排的認知

文字編排的語言，是指排列整理印刷物上的文字，從意思和印象上去選擇出字體，然後印刷。施以燙金、打凸的特殊加工，將文字在紙上加工。

決定文字的大小、文字的顏色，然後編排佈局，再決定印刷紙張和印刷方式。這樣被印刷上去的所有相關的文字，都是涵蓋在文字編排設計的語言裡。

考量到文字的重要因素之一是，文字這東西帶有歷史性、字體涵意和印象在，還有一個是，以文字編排設計而言，就是要如何掌控文字。

在各種要素中，特別是在考量到文字的同時，也必須將書的基礎和紙的種類考量進去，再選擇書名和作者名的文字。因為即使選出與作品適合的字體和文字大小，但有可能因使用的紙張不對而難以表現出其特色來。

文字的大小也很重要。

有趣的是表音文字的拼音字母，不管大或小都不會改變其文字的印象。但漢字和平假名、片假名，其本身具有圖像，所以也會因大小而改變給人的印象。

人們對書衣的文字感到大或小，是四六版（廿五開）或文庫版（三十二開）尺寸和文字之間的相互關係。以前曾對小學生做了一項調查，在一定的空間裡放著同字體但大、中、小三種不同尺寸的『花』字，詢問他們對花的印象。對大的印象是仙人掌、向日葵、牡丹；對小的印象是松葉牡丹、蘩縷、蒲公英，當中還有一小部分提到大波斯菊、康乃馨、日本牽牛花。我很訝異的是，有的小朋友知道非常多的花名，我想這就是以電視視覺媒體為主所培育出來的小孩吧！

文字負有什麼樣的意義，有雙能根據空間尺寸看清文字大小印象變化的眼睛非常重要，尤其，確定中型字體的感覺非常重要。對大和小的第一個印象，會喪失字體所擔負的印象，所以文字大小在中型左右，最能直接傳達出語言的意思。四六版的話約一・五公分以內，文庫版的話約一公分以內。

文字尺寸的另一個重點是，書名使用筆畫較多的漢字時，要看準這文字最適合的大小來設計。即使是從書名的印象中想要用小的文字，但首先在很難閱讀的情況下就無任何意義了。

根據字體，特別是新的字體，無論是大是小，也有失去其力道的時候，基本上會被常用於雜誌等的內文裡。

那種只是因為新的或正在流行的字體，都是被禁用的。必須要規定大小，對粗細也要做一些加工。

再者，選擇適合的書名字體的印刷方式也是非常重要的。現在幾乎都採平版印刷，例如用凸版印刷比較適合時，也可考慮以平版印刷之後，只是局部在文字部份壓印亮光油墨來產生凹凸的效果。

腦袋瓜裡不能只有文字排版，而是要從一個個具體的經驗裡，漸漸地去理解其中的細節。

註：印刷用紙

印刷常用的紙張尺寸有：四六版、菊版，和ＩＳＯ國際標準規格紙（即Ａ、Ｂ、Ｃ三個系列）。菊版是日本發展出來源於明治時期用於報紙的三三版，其規格接近系列A的尺寸。在台灣，書籍大多採25開（15×21公分，四六版規格）或菊25開（14.8×21公分，菊版規格），過去也會使用的32開（12.8×18.2公分）和菊32開（10.5×14.8公分）如今已不多見。而隨著時代的改變，因設計考量而採特殊規格的情況也有。

本書文中所提的「文庫版」即為菊32開，也就是約Ａ６的尺寸。

四 素材

紙的種類

裝幀表現裡最重要的素材就是紙張。書這個媒體，如果沒有紙它就不存在，所以紙張是書的基礎。

我想，日本是世界上紙文化最豐富的國家了。從前的木造房子，房間與房間都使用紙拉門、紙隔扇來隔間，小孩子的玩具——千代紙、尪仔標、紙氣球等等也是，紙已經被用在非常多的地方了！折形跟折紙是日本誇耀於世界的文化之一。至今，這個國家從和紙到各式各樣的紙都有，能讓我們裝幀設計工作者使用的種類也非常的豐富。

被拿在手裡閱讀的書，是以紙張來向人們傳達表現在視覺和觸覺的畫面。與人的觸感最有直接關係的就是紙的質感，即使視覺的印象和實際用手觸摸的印象不同，也不會有所改變。但如果去強調其他要素的意思跟印象的話，就能讓它產生變化了。

平常我們在裝幀時使用的紙，一般是用美術紙，它是各種顏色、各種風格紙張的總稱。美術紙基本上可以分成六大類：

①素面紙
②壓紋紙
③纖維紙
④印刷加工紙
⑤透明紙
⑥合成紙

①素面紙，還可再細分，但大致上有三種。第一種首先是簡單的抄造，沒有

做表面加工的紙。由於是目前印刷的主流是膠版印刷，所以不單只抄製，且是利用加工賦予印刷適應性，但表面卻看不出來的紙。

第二種是，我們放眼所見的美術紙和銅版紙，是在表面上了一層基底的塗佈紙，可以印出平版印刷的高精緻度。最近，講求印刷表面的自然印象，而有了第三種，減少顏料塗佈加工的微塗紙。

配合紙漿纖維，還可以做出各種不同手感的紙。更有齊備的上百種顏色和專門的傳統色系等豐富多彩的素面紙。

② 壓紋紙，是在金屬板上做浮雕加工後，再於素面紙上以該模型加壓圖案所製成的紙。利用浮雕的凹凸來傳達對視覺跟觸覺兩者的表現方式。

③ 纖維紙，是在紙漿纖維裡加入樹皮和樹脂，也有將原本要去除掉的垃圾在做處理後混入抄製、也有混入棉線或化學物質等所做出來的紙，種類很多。

追求平版印刷適應性過度的結果是，紙張最重要的觸感與質地的要素不見了，取而代之的是，壓紋紙和纖維紙的出現。

④印刷加工紙，是用照相凹版印刷等印底紋（同時壓型）所製成的紙，也稱作壁紙（Paper cross）。常被使用在平裝本的書衣等。

⑤透明紙就是字面上的意思；描圖紙就是半透明紙的代表。是將紙漿纖維加熱加壓所製作而成的，也有在裡面添加藥劑處理來呈現出透明性的紙張。用膠版印刷的話油墨不容易附著，在裝幀上很難使用。透明紙也有增加顏色跟厚度的，只用在扉頁等空白頁部分。當成封面素材使用的話，則會產生出與書衣重疊的表現效果出來。

⑥合成紙，是含有合成橡膠類的化學物質所製作出來的紙，擁有如皮和布一樣不容易割破的性質。

由於紙在抄製時紙漿會順著纖維流動，所以不管縱向、橫向都容易切斷。由於考慮要做出皮的代用品，於是設法讓它不管從哪個方向都切不斷。

這種紙除了被使用在記事本和通訊錄的書衣等外，也經常出現在高單價的書籍和圖鑑的書衣上。

如此一來，能使用於裝幀表現的紙張類型大致有六種，對數家各個製紙公司而言是一場苦戰。例如光只是微塗紙，從十幾種紙中可以在分別使用時感覺到個別的差異性。對不同公司的不同微塗紙，要能感受得到其中的些微差異，在圖案上做出自己要求的感覺，如果對任何輕塗紙的感受都一樣的話，就無法做裝幀了。收集紙樣和印刷樣品、讓自己意識到紙的印象跟特徵是非常重要的。

白紙

我喜歡白色的紙，我喜歡活用白色的紙來裝幀。將大小適當的書名和作者名隨意地做切割，那樣的書不管近看或遠看，會因桌燈光線的角度而產生變化。白色的書在剎那間變化成一瞬間的光，好像是燈光師將燈光對著舞台上的舞者一樣。書是六面體，因為完全接受光和影的微妙變化，所以沒有比白色的書更好的東西了！

白的紙，接受精緻的裝幀，讓作為物件的書本外觀鮮明且與眾不同。

但並不意味著我喜愛白色，對於作為色彩的白色，我並沒有興趣。白擔任的是觀念象徵的角色。在裝幀上，我認為不如說那甚至是一種干擾。伴隨著紙的物質性的始終是『喜歡白色』的。

色彩的意思和形象被作為觀念來談，是不幸的。顏色應該可以與色彩的基底材（紙和布等）共同表述。

最近收到用紙公司的廣告郵件中，有『超白的紙』，也有『純白乾淨的』、『純潔和神聖的象徵』、『更有品味的美』、『高國際競爭力的商品』等標語。白色本身，就是在述說著物體的存在，圍繞著乾淨、純潔、高品味的美等等觀念，更添加了『為了國際競爭力』這個好像很有道理的理由，冷冰冰地強迫要去接受這些觀念。

在這裡稍微提一下現在的出版狀況，因為在書的封面上必須印上條碼，所以封面基本上用白紙，因為用印刷在色紙上的黑色條碼，機器是無法讀取的。

如果想要用紅或藍等顏色的色紙做裝幀的話，為了要印上條碼就必須上一層白色的不透明油墨，由於不能不印條碼，所以相對地成本就增加了！

還有，就資源回收這點來說，深色的紙較難回收利用，所以色紙也有它難以使用的現實。

當我還是學生的時候，對封面使用色紙來裝幀相當憧憬；如今自己成為製作的一方時，卻說很難去使用色紙，對此多少也會感到有些焦慮。

只要用白色紙，不管是什麼樣的裝幀構想都可以被接受。書籍的封面跟海報是不同的，書是被裝訂出來的東西，當然也伴隨著影子。

書被放在書店的平台上，一眼望去可能有看似小海報排列在一起的感覺，書與書之間只有小小的縫隙，觀看的角度孕藏著微妙的明暗，小小的暗處潛藏在書與書之間。

人，看到被放置在平台上的書，也包含著那樣小小的暗處。平台書的書口在左側，書背在右側被排列著，右邊的書平緩地倒塌到左邊的書的書口部分，一點點的空間產生出明暗，巧妙地處理裝幀表現。

用白紙裝幀的書籍，更能讓人接受陰影的美，作為立體的東西，深深映入人的眼簾讓人印象深刻。

白紙的記憶

裝幀表現中，使用白色紙還有另一個重要的理由。那就是，當人們將目光佇留，在閱讀封面的文字和圖案時，會不知不覺地看著這書的紙張。沒有意識到書這東西的人，我想實際上已經看到潛藏於裝幀之下的紙了。『看著』，是每個人在與紙相遇後，被留下的記憶。

我是成長於戰後物資缺乏時代的小孩，與有如漂白般的白色紙張無緣。變舊而產生的泛黃、襯衫經過日照褪色後的白或草紙的白，是我對白紙原本的記憶。

還有，看到白紙就會讓我想起運動會的頭巾。我是白組，所以頭巾就是白色的，但那個頭巾是媽媽用舊手巾製作出來、泛黃的白色頭巾。紅組的紅色不管哪個都是類似的紅，但白組的頭巾各個不是有點泛黃就是帶點灰色的白，不知為何，這印象深植在我的腦海裡。

中古屋書店裡經日照曬過的泛黃書衣，並沒有被撕破或折到，看起來卻好像『缺少』什麼，喚起我對紙張的各種記憶。紙會被割破、撕破、燃燒、濡濕弄乾、折損、捲曲，會發霉、腐壞，會泛黃、缺乏乾燥、絞碎。

紙是脆弱的、短暫的，短暫到讓我印象深刻。

孩提時有一位朋友常常流鼻血，直到現在，我看到白色衛生紙仍會想到血的紅色。下意識裡，看到白色就想到紅色。

在工作中，曾經被硬銅版紙的邊緣劃破手指。可能因為這個關係吧！從書店的平台上，拿起一本以表面加工過的白色銅版紙做為封面的書時，手指會因小小的緊張而不自覺地游移。

兒時對白色紙的記憶是，更換和室隔間的拉門紙。將家裡的拉門取下放到庭院裡，把燻黑了的拉門紙從木格框架上弄破取下來，小孩子用手指頭在紙上戳戳戳，『戳破』就是一種樂趣。

貼上新的門框紙是大人的工作，所以會把小孩趕到門外去玩，黃昏回到家時，會聞到紙和漿糊的氣味。早晨，一道陽光從百葉窗的間隙中照射進來，彷彿要劃破純白的紙拉門，不禁背如針氈地挺直了起來。

那個時代也常玩折紙遊戲，折了些什麼東西已經記不得了！但是，紅色和藍色的折紙背面都是白色的，所以紅色反折就變成白色，白色反折就變成紅色，我深深地被這樣的變化給吸引，往事如昨般地被回憶起。紙張的背面是白色，這件事不知怎的就是令人興奮。

人們被封面的書名和作者名、圖像給吸引住，停留在眼中的裝幀雖是無意識的，但看到了每一個人對紙的基本記憶。

裝幀者在眾多微塗紙中挑選一種白色之際，會因為記憶深處裡的『白』而變得不自由。如果已沉澱的白色記憶越來越深厚的話，我認為不如把那裝幀必須用的白色解救出來。

選擇裝幀作品必須用的白色紙的最終判斷是，只有靠自己想看到的、喜愛的顏色去決定。平時要盡可能地常看很多的紙，去磨練自己如何區分白色的感覺，用白色的紙製作，是白色書籍在裝幀上的根基。然而，裝幀表現是從作品開始的，為了將作品化做書籍，就要將必須的要素從作品中讀取出來、構築起來。活用質感好的白紙十全十美地做出裝幀是罕見的，但是我非常期待且開始閱讀被委託的作品。

盒裝書

河野道代的《神奇螺線》（spira mirabilis）是作為我裝幀設計表現基礎來源的一本書。限量二十五本，送給被作者選出的二十五個人的私人收藏版。雖然這本書它的物質性本身也不錯，但盡量將視覺性的要素控制到最小的限度，以白紙的藝術品為風貌來呈現。

書盒是用混凝紙漿製成的，而被使用在混凝紙漿紙手工藝品之類的是白紙，只要用手指一壓就會產生凹痕；弄濕的話則會變成糊狀。把書盒的開口弄濕的話可以左右伸展，又合在一起弄乾的話，就能像蠶繭那樣把書關閉在書盒裡。

在書盒的表面上將書名小小地素壓下去（不用燙金，只用金屬板打凹而已）。因為河野先生的名子在信封上，所以獲贈者在收到後，就知道是誰寄送的，拆封後拿在手裡的是白色素雅的立方體。每一張混凝紙漿紙都有其與眾不同的表情，放在手中看在眼裡，唯一感覺到的就只有那本書的存在。

書盒的正面和脊背，以素壓方式打凹書名和作者名的小小文字，混入在粗糙的紙張肌理中，依角度（這也是因書而異）可偶見到這種巧思。書衣採用合成紙，與書盒乾荒粗糙的觸感成對比，是猶如人體肌膚一般濕濕潤潤的觸感。文字在這裡也是素壓上去的，就像在肌膚上用堅硬的東西強壓下去而留下痕跡般，引人動容卻且心痛。

這裝幀帶來了素材的觸感與視覺，由於那難以形容的印象，而遠離了能被理解的意思。拿到的人，拆封後，從書盒裡將書取出、翻開封面，看到印在扉頁上的文字就知道是河野先生新詩集，不過由於這書的視覺與觸覺讓人對印象的延遲，

河野道代《spira mirabilis 神奇螺線》盒裝（長32開盒裝書　一九九三年八月　書肆山田）

於是產生出想要讓既知的對象能有初次相遇般的感覺。

質地和觸感

七、八年前搬家，在整理舊的東西時，翻出了高中畢業旅行的手冊書衣，那是我被委託設計的。當時還沒有影印機之類的，用刻鋼板也只能印出數張的書衣，將有著竹蓆編織紋路的紅紙拿在手上，那柔軟的觸感讓我嚇了一跳。

因為，美術紙在戰後不久就被販售到市面上，是到現在都還有在生產的長銷品。與現在同重量的別種紙張相比可說相當堅硬，如果說是和紙和厚紙板的差異可能有點太誇張，不過在程度上，感覺就是大約相差那麼多。所以，現在的美術紙變得比較硬了。

這最大的理由是從凸版轉換成平版印刷的關係，由於凸版是加壓的印刷方式，即使是柔軟的紙也能印刷。然而柯式印刷（平版膠印）是用油墨在紙上塗印的印刷方式，柔軟的紙張表面就很難貼覆住印刷滾筒上。

而現在是講求以生產率為優先的社會，製紙公司是為了服務印刷而存在的，所以製紙公司也就將心力著重於製造適合平版印刷的紙張，這樣的結果則是紙張表面越變越硬了！

我想對紙來說，最重要的要素是質感。質感這詞語在平常生活中是不太會聽到的，但質感並不單單只是手的觸感而已，還有外觀的每一個印象，以及有如通曉華麗詞藻的印象般的質感，原本在紙世界中就已被使用的詞語。儘管如此，但是那紙張的質感已經失去了！這可說是現在美術紙最大的不幸。

不過，質感對於人的想法而言，並非那麼簡單地就會消失的。纖維紙、壓紋紙等，大約在二十幾年前就有施以二次加工的紙張生產。因為這樣背景，於是開始有了『就算紙張變硬也要有質感的美術紙』的要求聲浪。

如果有外觀跟實際觸感相同的紙的話，也會因紙而異。這是什麼意思呢？就以壓紋紙為例來說吧！

壓紋紙也有各式各樣的種類，最簡單的是，將含著製紙過程的水的紙張，用毛毯包覆著放在輸送帶上送出，那毛毯的布紋就會複印在紙上。經由這樣的製紙必要過程，留下細小的布紋跟蓆紋的壓紋紙，即使用在封面上也只能遠遠地看出顏色及圖樣，要拿在手中才會注意到那初次的觸感，這是視覺與觸覺的差異。

但是大的壓紋圖樣，即使遠觀也能以視覺去感受到凹凸的觸感。總之，紙的質感是可以透過手和眼睛去察覺的。

這就是表現的重點。譬如，就以遠看一本用可愛小狗照片所製作的封面來說吧！手中拿著無生命的浮雕小圓點，其冰冷的觸感，與手裡撫摸細柔的小狗毛的記憶有所衝突。小圓點與可愛的臉重疊，視覺上很詭異，視覺與觸覺印象的分裂，產生將其合而為一的心動感。

文字的表情因印刷紙張而改變。印在纖維紙和浮雕上的文字，會因為在文字中被摻入了紙的表情，而對文字所托付的印象予以強調，或者產生異化。

書名採燙金或燙銀的裝幀也很多，但把它用在浮雕紙上的情況，我想就很少了。那是因為浮雕紙比其他紙類的價格高，所以如果燙金的話，印刷費用相對地也會比較昂貴。書衣、封面裡、扉頁等等或封面也是如此，另外還有可能會抑制印刷的色數。

在浮雕紙上的燙印，會在箔面上產生浮雕的圖樣出來，而深富趣味。特別是硬的浮雕紙，因為有凹和凸所以會產生印壓上的落差；光照射在金箔凸的部分和凹的部分，也會產生亮度上的差異。在印刷時因油墨放入的方式也會產生微妙的差別，通常印刷品會印色不均，不過也可以當作是為了表現而刻意使用。

以平版印刷為主流的現在，要讓文字有如陷入到紙裡的表情，也只能用燙印的方式了。平版印刷的平滑印面也有無法滿足之處，在裝幀上也常看到用所謂的ＵＶ絲網印刷來做二次加工，讓文字跳出來的。還有成功運用插圖的裝幀表現，但是使用文字且發揮效果的裝幀卻是很少的，可能是ＵＶ的質感讓文字的表情能統一的關係吧！

銅版紙平滑印面的平版印刷，由於是以不透明油墨與金屬油墨兩種並用，因此可以用有厚度的印面。封面採銅版紙的，一般都要求平版的四色印刷，但如果對成本有所了解的話，就會知道並非是四色分色的問題，而是為了把表現上的差異做出來而使用特色印刷。

按理來說，為了保護印刷表面而使用上光油墨（亮光或消光）的話，可以讓圖像跟文字的部分油亮，或有霧面的感覺。

還有，銅版紙還有微塗紙也是，白紙的白也會因為製紙工廠不同而有所差別，所以有必要去分辨出輕微偏藍或偏黃的差別。工廠的紙樣分類，並非以白、純白、自然等分類為基準，需要靠自己的眼睛去判斷，從各家公司的紙樣裡整理出自己的標準來是相當重要的。即使是同樣的純白，但A公司的白色帶點暖色調，而B公司的卻偏寒色調。為了使用在表現上的差異，就必須要那麼敏銳。

書本是拿在手中閱讀的，所以手的觸感非常重要。紙張的選擇方法找出視覺跟手感的落差，可以將表現分門別類。為了要將圖像跟文字多層構成，紙擔任了很重要的角色。

紙的種種

稻葉真弓的《砂的雕像》（砂の肖像）是一本華麗的短篇集。裡面收錄了五篇故事，粉紅星星・紅寶石、藍色星星・藍寶石、琥珀手鐲、海藍寶石的寶石主題，是把書本身比做成一個寶石的裝幀。

封面用義大利製造的紙。這種紙是用來包裝用的，重量很輕，並不會使用在封面，但是考慮到可以讓書本身像寶石一樣地閃閃發光，所以就用會綻放出彩虹光顏色的紙張。因為看到國外的美術書等有用兩層封面的作法，所以就採用那種所謂雙層封面的方式，將紙上下對折成兩層，讓重量加倍。

但是，只是做兩層封面而已那是無趣的。上面通常都是向內折，下面則是向外反折，讓它有書腰的功能，讓這紙變成兩面都可以運用。內側質感和顏色的不同與表面的彩虹光顏色衝突，獨特的質感吸引人們的目光。因為是高價位的紙張所以就用單色印刷，也節省了書腰的紙張費用，但是到底製作成本是否可以過關就不得而知了。

稲葉真弓《砂的雕像》（25開精裝本　二〇〇七年四月　講談社）

像包裝紙一樣被使用在別的種類的紙，只要下點功夫去設想就可以使用在裝幀上面了。

利比英雄（Ian Hideo Levy）的《千千碎片》（千々にくだけて）是以當時九一一事件的恐怖攻擊為主題的作品。利比英雄是一位歐美出身的日本文學作家。由於無法將遭遇到事件的主角對象化，所以在嘗試將格格不入的世界作品化的工作中，思考金屬裝幀的可行性。

封面採石油化學類的鍍鋁紙張。就裝幀而言，價格高到難以使用，還有印刷上也得使用特殊油墨才行。

如果沒有讓編輯者及出版者理解的話是無法實現的。用平版的三色印刷、使用不透明油墨的白、一般油墨的橘色和黑色。這是用原本不透明油墨的使用方式，把油墨印在鋁箔和透明的材質上，因為隔絕素材，而做出白色基底來。

以白色來表現從崩塌的大樓飛散的碎片，大片殘骸的中間放入書名和松尾芭蕉

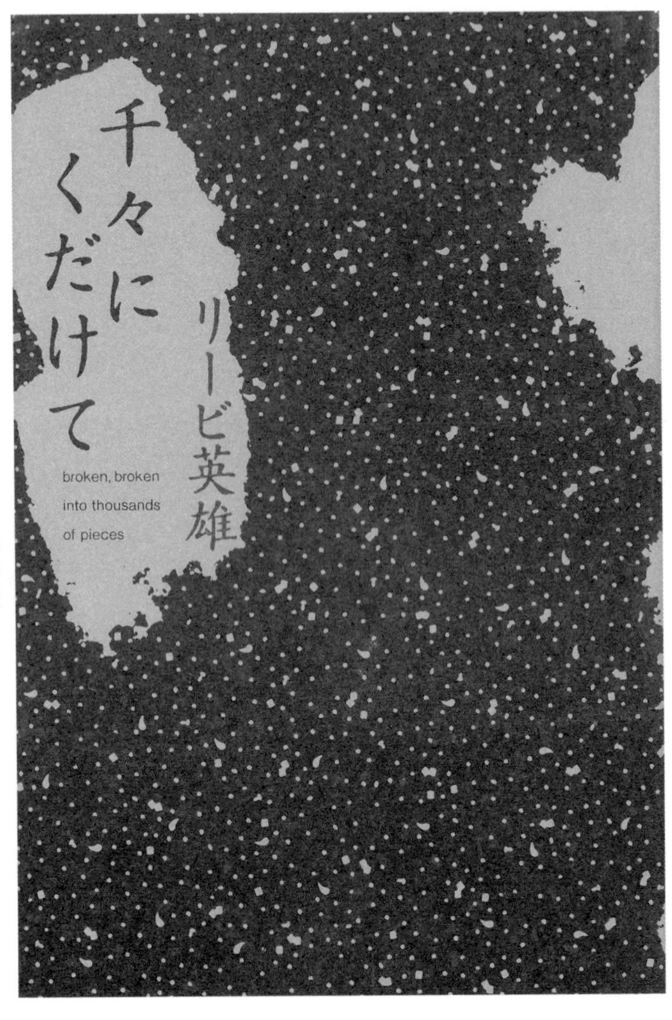

利比英雄《千千碎片》（25開精裝本　二〇〇五年四月　講談社）

《千々にくだけて》的英文翻譯（broken broken into thousands of pieces），採用黑色印刷。

把這本書拿在手中的人，應該可以感受到那封面就像一面可以映照自己手和臉的鏡子一般。此外，白色和橘色的碎片重疊。九一一事件對於現在還活著的每一個人所存在的問題，也只能靠自己去摸索答案了。我想藉由裝幀作品的主題來與讀者共享。

《梅原猛「神與佛」對論集》是梅原闡明其思索現今與神佛有關的一系列作品。就如書名，是匯集學者與作家對談的書，到現在為止，已經發行了──第一卷〈神佛的樣貌〉（神仏のかたち；山折哲雄、長谷川公茂、河合雅雄）、第二卷〈神佛的居所〉（神仏のすみか；中沢新一、松井孝典、日高敏隆）、第三卷〈神佛的招待〉（神仏のまねき；市川亀治郎）。

封面使用的是，粗糙且有如梨皮斑紋般的浮雕紙。

梅原猛「神と仏」対論集 第2巻

梅原猛
Umehara Takeshi

中沢新一
Nakazawa Shinichi

松井孝典
Matsui Takafumi

日高敏隆
Hidaka Toshitaka

神仏のすみか

発行　角川学芸出版　発売　角川書店

《梅原猛「神和佛」對論集》（第二巻 25開精裝本 二〇〇六年五月 角川學藝出版）

在有浮雕的紙上燙印書名文字，壓紋的圖案也會呈現在文字的燙印面上，而產生文字意思跟印象重疊的映象。被平均施壓的箔面，受壓較強的凸面和受壓較弱的凹面，散發出金光閃耀的變化來。

這浮雕紙和微舊佛像的斑駁金箔，把那劣化的感覺表現在文字上是再恰當不過的了。這如針葉樹一樣的硬浮雕紙，在凹部是很難燙印上去的，但反過來利用它這缺點，才能表現出獨特的表情來。

這系列各卷的標題顏色都是用單色，其他是黑色和金箔，這和使用優質的美術紙採四色印刷的成本，大致上是一樣的。

中沢新一的《地球潛水員》（アースダイバー）是以繩文時代的東京地形圖為基本去解讀現在的東京地圖，是一本充滿玩心的書。

穿越過東京幾千年的歷史，就像潛水員潛入層層交疊的地褶。想要製作出，翻閱這本書就好像到海底去潛水一趟的感覺。

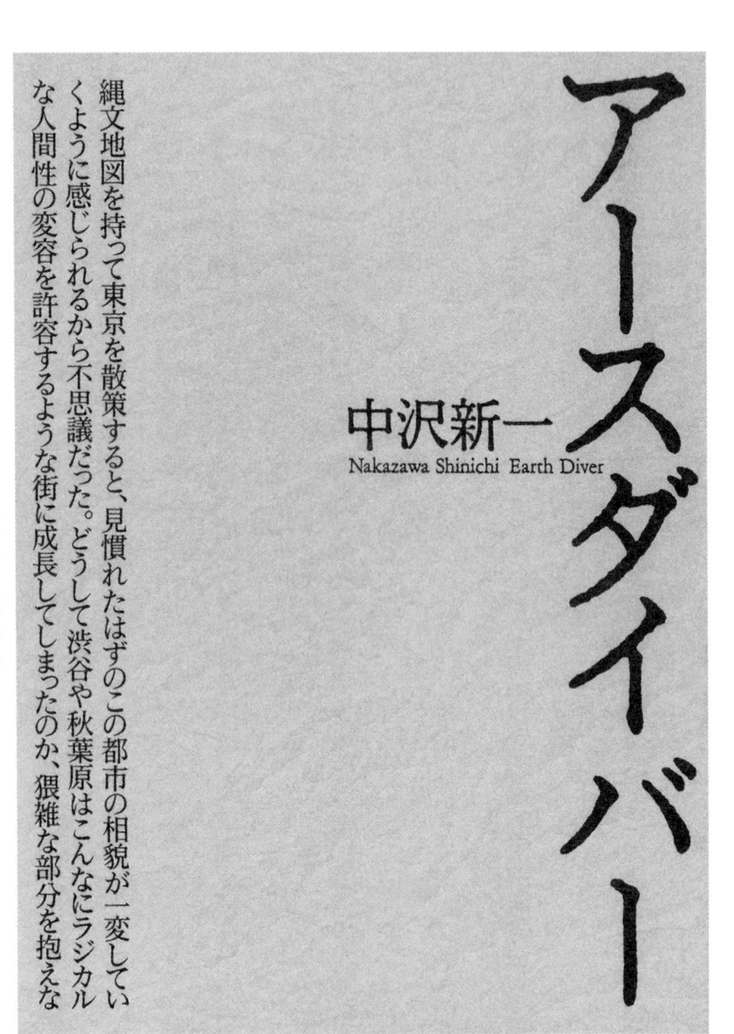

中澤新一《地球潛水員》（32開平裝本　二〇〇五年五月　講談社）

在裝幀上用壓紋紙統一作出像岩石般的感覺，好像進入地層的感覺，從封面到書衣、封面裡、扉頁的紙張顏色都用白色、灰色、藍色、紅色。備齊了這些顏色的紙張，就可以呈現出地層的感覺來。扉頁用紅色代表岩漿。過去的感覺握在手中，照亮現在，作品的構成在裝幀的形態下表現了出來。

封面也用與紅色扉頁同樣尺寸大小的書名文字來編排，書名與作者名放大約三釐米，創作出與岩石表面肌理的浮雕相呼應般的粗糙字面。

在書末附加了有趣的繩文時代的東京地圖，如果就一般的想法，這地圖是會使用在封面的，但那只是將作品資訊化而已。

我認為裝幀素材中的紙和文字，可以引導人們進入神祕且有趣的作品裡。

封面與書腰一體化，本來要將文章印刷到封面折口處，讓書名和紀錄作品內容的文章一體化，所以將繩文的地形在現代中突顯出來表達其意思。

這書用的是平裝，封面外觀看似黑色單色印刷，但其實是用黑色油墨印兩層。

由於壓紋紙的表面有凹凸，所以在凹的部分有比較難印油墨的缺點。但如果在凹部徹底地將油墨印入，就會加強文字面的強度。

奧坂まや的《繩文》是她的第二本俳句集。率直的書名，在有如繩文土器的凹凸壓紋紙上，以淺棕色來印，然後壓上透明膠膜。書名字採漸層效果，目的是為了要讓那有層次般的薄膜被看見。

在同樣的紙上使用相同的文字，為了要讓那表情富變化，就只有在書衣上透明箔，而扉頁則用比封面的棕色還要淺的顏色再將文字去背處理。為了誘導人們的意識，就在扉頁前插入一張透明紙。將使用在封面和書衣的透明箔意象化。

封面文字壓有透明箔的這件事，甚至有大部份的人都不知道吧！更不用說知道透明箔這東西了！但是，感受性敏銳的人，會感覺到壓印在字面上有一層透明的東西存在——不管是粗糙的壓紋圖樣或有強壓感的書名，都還是會感覺那上面有附著物體存在著。

而揭穿這感受性的秘密，其實就是透明紙。如果用語言來形容的話，大概就是

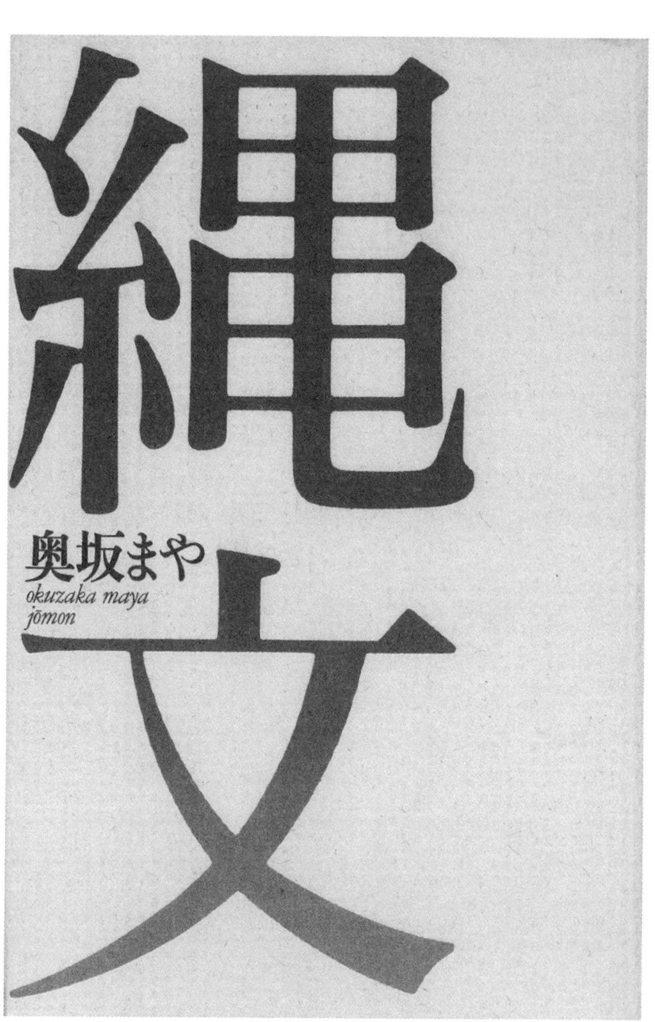

奥坂まや《繩文》（25開精裝本　二〇〇五年三月　ふらんす堂）

要有承受被指責為『自以為是』的覺悟。因為毫無關係的二個世界裡沒有任何字句，所以將她的字句引入未知，「有萬有引力、有馬鈴薯的凹洞」這文句中的凹洞牽引出了感覺陷入繩文的心。為了要吸引人們對凹洞的目光，而規劃了這個裝幀設計。

五 色彩

色彩的印象

沒有顏色的書是不存在的。對於白色封面中只有小小黑色文字的裝幀，或許你會認為那就是沒有顏色，但是並非如此。白色封面的白，是拒絕色彩的顏色，不被染色、不被吃色、不被各種意思給沾染。從遠古時代開始，白就是單純和潔白的符號，是個很難處理的顏色。

白色的紙比其他顏色更容易接收陰影和明暗，依據微妙的光暈變化和角度，就能改變其表情的豐富色彩。並不是只有潔淨或者單純這一方面的印象而已，書這東西是需要顏色去引導而引人注目的吧！況且文章越透明，藝術性就越高，運用白色紙張是最有效的。

在詩集和思想類的書中使用白色的書籍比較多，並不是因為拒絕紅色或者藍色，其實是還有更豐富的顏色可以選擇。

而顏色的印象程度是會因人而異的，有人看到白色會想起紅色，也有人看到藍色會聯想到紅色，不同的國家，對顏色也會有正好相反的印象。

我的作品集在中國出版時，負責編輯和設計的中國人，很有自信地把我的書遞過去打開後，發出了「咦？」一聲並倒吸了一口氣。因為不管是哪張彩色圖片，看起來都帶點灰色的感覺，每一張圖都加印了超過百分之十的灰網，自信滿滿的負責人員一臉狐疑不知道如何看待我的表情呢！

想想，中國是一個大陸型國家，對他們而言，黃沙的象徵就像是對一般細砂的印象而已。然而，對日本人來說，卻有著『那是富有美感的色調』如此不同的認知差異，色調會因為民族、國家的差異性而產生不同的認知。

同樣地，就算居住在同一個國家裡，在寒冷地方的人跟溫暖地方的人，對色彩的感覺也有差別；而即使住在相同地方，也會因為個人認知上的不同而有差異。我想，個人對色彩感覺的差異，確實賦予了其個別的價值。

詩和小說的作品，較少使用富暗示性色調的言語和文字記述的這種裝幀手法，然而，藝術性較高的作品可說是連一點線索都沒有。我曾經被人質問說，為何要在那本書用那種藍色？是否有什麼樣的暗示呢？但是我只能回答說，我就是想用這種藍色的感覺去呈現出作品。

並不是只有顏色而已，或許我只能概略地回答：「是裝幀的要素」。裝幀者必須要有能力用言語表達出作品，並將色彩以及文字形體和質感的印象呈現給讀者。為了擁有這個能力，平常要用心於吸取紙張、文字和圖像的意象，並不是要賦予什麼意思，而是要像口渴時渴望著喝水一樣，需要有貪欲的眼和心才行！

即使是同樣顏色，但如果基底（素材）和媒材（顏料）不同的話，印象也會改變。將顏色從基底和媒材中脫離，而抽象地去處理的做法是錯誤的，再也沒有比顏色更會因看的人不同而有印象上的差異！一但個人自我太過受限的話，便可說是對顏色印象的差異。有時權力以「賦予顏色意義」來操控人們，正因為那是阻斷有個人想法最簡單的手段。

既然說到了顏色，那麼就一定要跟基底（素材）和媒材（顏料）一起談。

封面用藍色單色印刷，但因紙張種類的關係，而改變了對顏色的印象。以使用壓紋紙和素面微塗紙的話，同樣的藍色，一個是讓人有不安定的感覺，另一個是讓人有安定的感覺。

不僅裝幀，在我們身旁周遭所有的顏色，紙的顏色、布的顏色、木頭的顏色等等，對每個東西個別的顏色有所認識，物質是與顏色合成一體而被看到的。

但如果顏色從基底分離的話，就沒有顏色這東西了！而紙和布等與顏色分離的話，就觀念上而言還是存在的。

也就是說，當人們說著紅色和黃色等顏色名稱時，頭腦裡好像有在想著紅色和黃色，但實際上，「紅色是這個」「黃色是這個」的那顏色並不存在，人人都有對顏色的原始印象，是非常個人的。

以觀念去看待顏色是一件很危險的事，因為顏色被當成了符號且持續下去。

譬如，第二次世界大戰時，特攻隊的白色圍巾。年輕人將它圍在脖子上，有著『為國捐軀』的信念，於是人們就被這種白色的觀念給束縛住了！無論是誰看到，再也沒有『單純』或『神聖』的白布。布變成了這樣的物性，只有看到的人對於白布的不同印象而已。

白布如果可以弄破丟棄的話，那麼也可以被燒掉。當然，也可以拿來擤鼻子，有時候也有代表特殊權力的特定觀念在裡頭，也是送葬出殯的顏色。

色彩的抽象化

色彩之於裝幀，是印刷在紙上的顏色，像用顏色染紙一般，是油墨染料等顏色的媒材，而且無法將它從紙這個色彩的基底中切割分離。

由於人們只看到紙張的顏色背後，基底所帶來的印象。所以，就純粹以顏色所被賦予的抽象印象的這種『物性』來評論為例，在裝幀的色彩運用上，不管是什麼樣的顏色，都想讓看到這顏色的人，對這顏色有質問和發現的意圖。因此，熟悉紙張的性質（印刷方面所帶來的效果）是必要的。

作為顏色媒體的油墨，也是一種材質。由於這是技術上的問題，所以我在使用特色時，經常會去注意到在指定色票的時候，在色票上一定要再備註所用的紙張和油墨的厚度。不管是哪一家廠商的色票，都是用最大極限的油墨量，花時間去印刷的，所以一般印刷時，在色票的顏色上有抽象式「記號」的，就要考慮到它的可行性，所以用沒有塗佈的紙去印刷，是要花工夫的。

人們心照不宣，了解塗佈紙與未塗佈紙之間的不同。所以，在蓁半紙上印上與在銅版紙上所印出來的顏色，便會吸引人們的目光。如果成本上允許的話，同一個顏色重疊印，或表面局部上亮油等，將基底材質的物質性給表現出來是很重要的事。

這二十年來，我想色彩的抽象化一直在演進中。這主要是拜電腦螢幕和行動電話等媒體所賜才有這樣的改變吧！

從螢幕顯現出來的顏色，與實際呈現在紙上的顏色是不同的。光學的顏色，既沒有滲出也沒有色斑、沒有質感，是個虛色。

接受了光學的虛色，以沖印機印出數位相機所拍出的相片。這是用紙印出來的東西，然而表現出來的顏色是從螢幕上反映出來的觀念。在此之前很流行的即可拍相機，使用簡易的底片拍出彩色相片的氛圍，不管是誰都可以很方便地操作的數位機器，讓這東西可以很快速地普及，而導致了人們色感的貧乏。

但是在這世上，若有這些疑問自己就會落伍，於是形成了一種所謂的風潮。螢幕上的顏色並沒有物質性，而是以它本身的抽象形態而存在的。顏色是抽象的符號，被資訊傳達者隨心所欲地操作著。

潔淨是藍色、單純是白色、幸福是粉紅色、熱情是紅色、和平是綠色，這樣的顏色符號在螢幕上到處都是，被轉寄、被用沖印機列印出來，或以手機被傳送。在這之間只要是沒有模糊不清的顏色，都被稱為新的『好顏色』。

然而這想法一旦深植於每個人，那麼對色彩的敏感度便會薄弱，而且被均一化了。

這便達成了資訊傳達者的理由。是不會有日本人、美國人都對粉紅色感到幸福那麼剛好的事。由於高度化傳送訊息的技術，日本傳統的顏色雖可以在螢幕上重新呈現，但那只是以傳統顏色為符號。從基底材質的布、紙、木材、金屬等脫離，傳統顏色應該是無法存在的。原本的顏色若屬危險物品的話，就會被封印在美術館和博物館的展示櫃裡。

企業和政黨利用網路和電視媒體來傳送資訊，並不是讓感性均一化，而是要求實質存在的光學媒體本身均一化。所以，在網路上有很多個人訊息被發送，而多數的訊息都依循既有的大眾傳播媒體而更加地被資訊化而已，只剩下符號的符號化。我為此感到高興，因為經濟的結構就是所謂的全球化。

依色彩的基本裝幀書籍

金原瞳的《變形蟲》（AMEBIC）作品中的主角，是被寫成只依靠自己皮膚感覺而生存的人。裝幀的靈感是——擦破的皮膚、裸露的心靈。主角由於只有感受到皮膚被香菸壓燙、被刀具劃傷，所以沒有生命的真實感。

AMEBIC

AMEBIC [Acrobatic Me-ism Eats away the Brain, it causes Imagination Catastrophe.]

アミービック

KANEHARA HITOMI

金原ひとみ

さあ私の太陽神よ
舞い上がれ
安宿に泊まる
私を照らせ

集英社　定価1260円 本体1200円

金原瞳《變形蟲》（長25開精裝本　二〇〇五年七月　集英社）

人體是從口到肛門一體連貫的軟管，有如用兩手般地用嘴巴去反脫掉襪子。像是曝曬在戶外空氣中的內壁一樣，如此令人心痛的作品。

這作品可以用顏色去表現出其感覺，我想用色彩去表現出主角的皮膚感覺。

我認為色彩是有濃淡、明暗，另外還有強度之分的東西，而如何能表現出色彩的強度則是首要的重點。想要在封面上表現出肌膚擦傷的紅，這符號並不是從色票裡面去尋找紅色來印，而是想用色彩的強度去表現。

我想大家都有過在孩童時期，因跌倒而擦破皮、滲出血、看到肉的經驗。要如何表現出，看到肉色時所伴隨而來的疼痛感，那種色彩的強度才好呢？

當初，想使用螢光紅油墨，但是被出版社以這油墨容易褪色為由而否決了。為了替代這螢光油墨，改採一色三次疊墨印刷的方式，到目前為止我已經有過一色兩次疊印的經驗。

為了讓未塗佈紙的印刷面有好的顯色效果，於是考慮，如果讓這本書的裝幀，以一色三次疊墨印刷的方式印在高級銅版紙上，是不是就能呈現出與螢光油墨同樣的色彩強度來呢？

實際三次重疊印刷後的觀察結果，由於是紅色所以沒有想像中所要有的強度，於是毫無疑問地知道了油墨的物質性質。光看這本書的話，再怎麼看都可能會覺得它只是一本紅色的書而已，但我想，當它一被看到放在書店的平台上與其他書並列，就會有獨特的壓迫力和影響。

對一般人來說，是不需要去知道紅色被重疊印了三次的事，一色就很搶眼了！我認為，這與金原小姐的作品的強度很相稱。

書名的黑色，印在紅色上面的話，黑色就跳不出來了，於是就使用不輸紅色強度的特濃特黑油墨，讓它可以跳出來。

粗大的書腰，感覺好像是綁帶。三次重疊印刷的紅色給人強烈的印象，但是還是讓人看到有某種程度的隱藏，而更加地吸引人們的目光。書腰文字則以紅色一次印刷，印在白色的書腰上，讓讀者感受到油墨的質量感，並帶出對封面紅色的強度印象。

不過，在實際的作業中，給印刷廠增添了許多麻煩，非常辛苦。也託了大家的福，由於三次重疊印刷，因此讓只有一色的差異可以產生出來，我想，這不是觀念問題，而是表現出刺激視網膜的色彩來了。

小嵐九八郎的《浸水的靈魂》（水漬く魂）全五冊，是以昭和時代身為新聞記者的親子二代為題材的長編小說。小嵐先生在採訪時提到知道我做裝幀的事，就是給書名添上色彩。

書從第一部開始依序添加副書名：〈燃燒的藍〉、〈燃燒的紅〉、〈燃燒的白〉、〈燃燒的青〉、〈燃燒的黑〉。例如第二部是紅，在報章雜誌裡紅色狩獵成了話題，是時代焦點的一冊。

感受到小嵐先生的玩心後，每一冊的封面我都挑選色紙。這是一本感情豐富的長篇作品，是令人回味無窮的作品，因為想將這樣的懷舊味道帶入貧困的時代，所以使用戰後不久就發售的美術紙作為裝幀用紙。

小嵐九八郎《浸水的靈魂》（第五部 25開精裝本 二〇〇七年八月 河山書房新社）

這色紙的橫向有蓆紋的痕跡，是我在高中時期記憶裡令人懷念的質感。但是，在做裝幀時，不是只想用令人懷念的顏色符號就可以的，終究還是要考量到物性。作品的先決條件就是要將顏色、文字和圖像結合成一個令人懷念的感覺出來，並且這種懷念之情要被化成一個謎樣的表現。

這本裝幀的書名、副書名和作者名，都是將文字在單色印刷的正方形白色色塊中間鏤空，以反底色的方式，使得文字和封面同色。

正方形色塊是用白色不透明油墨來印刷的。每一冊都如同這本書一樣地用深色的色紙印刷來透出底色，第一冊是帶藍的白，第二冊就變成是帶紅的白。

人們在接受這些帶有藍的白、帶有紅色的白、帶有綠的白、帶有灰色的白的同時，應該也已經看到了新穎的印刷品。

就是這個目的，我不是用顏色，而是用油墨的狀態，來表現某種懷念之情，這樣狀態的印刷品正從我們的周圍消失。排列在書店的書都用高品質的紙、高規格的印刷，這本書相對地映入眼簾後會被它吸引，這也是這作品所提出的需求。

我的裝幀不是對十個人都傳遞相同的一個訊息。一樣米養百樣人，每個人都有自己的想法，當看到這本書後會有認為是貧困的人、認為是懷念的人、認為是心痛的人、認為是庸俗的人，所以想做出能接受這些許許多多不同情感裝置的裝幀設計。

或許跟顏色有點分離，但是這系列使用了插圖來說明。

修剪且整理了菅野修近三十年前所發表的連環漫畫裡的人物，將連環漫畫拷貝放大，線條放大後便失去了力量，畫的破碎性在關鍵時刻是需要緊張感的。

中野翠的《請多關照青空》（よろしく青空），是以藍色為主的裝幀表現。不清楚書名為什麼用『よろしく青空』，但是感覺很好，像是飄盪著不知道是什麼呼喊聲的氛圍來。

這本書是連載了二十幾年系列作品的最新版。嗯！就用「青空」當書名好了，照這麼說的話，不管是誰都會先想起青空吧！一定不會錯的，那就選擇用青空的藍色。

這個藍色充其量只是個符號罷了！裝幀這份工作，有一半是要吸引人們視線的。為了要讓書店平台上人們的目光佇留，率直地用顏色來接受書名的印象，獲得人們的安心感和認同感是很重要的。

封面上方的留白，強調出下面的藍色，就青空來說，一般而言是上面藍色才對，然而反轉過來的話，就也可以看到海了。

書名文字以白底黑字，印在寬幅的藍色書腰上，反轉一般書籍封面和書腰間平衡的比例寬度。遠眺看到白色封面就是天空、藍色書腰就是海，人偶浮在水平線上，看似普通，但也像是藝術品豎立在青空上一般。造成混亂的物體，就是一九三〇年代的賽璐璐（合成樹脂）人偶。戴著飛行員的帽子、穿著衣服、手中拿著飛機。帽子的紅，是把人的目光吸引到裝幀的突出重點設計。

栗津美穗的《深藍色》（ディープ・ブルー）也是採用和小嵐先生的書相同手法

中野翠《請多關照青空》（長25開平裝本　二〇〇六年十二月　每日新聞社）

的裝幀。小嵐先生的書，是以白色不透明油墨為底色來呈現出意想不到的貧困印象，來抓住人們的目光；這本書，則是為了要將人物心情的顏色表現出來，而使用不透明油墨的白色。

故事內容是，在美國的日本人擔任社會福利機關的調查員，負責五個受虐兒的保護和救濟的文件。書名叫《深藍色》是因為五人當中一個叫傑西的男孩子，他的眼睛和頭髮顏色是藍色的關係。裝幀的課題是要如何表現，在五個人當中，最為絕望的少年其創傷的心才好。

文章中，十四歲少年心靈的創傷，有如海底一般的深，任誰都不可觸及。由於在內容上也有預算方面的限制，所以要求不使用照片和插圖、兩色印刷等的附帶條件。

並不是在白色紙上用藍色印刷，而是考慮從封面到書衣、從封面裡到扉頁，用藍色的紙去包裝，然而看到自己想用的藍色紙，封面厚度卻不足。於是把本來在表面加工的ＰＰ膜（聚丙烯）加工到內面去，讓紙的顏色和觸感能直接傳遞到

栗津美穗《深藍色》（25開精裝本　二〇〇六年十二月　太郎次郎社エディタス）

人們的眼裡和手中。

必要的文字在藍色色紙上，以不透明的白色和黑色兩種顏色來印刷。先前有說明過，不透明油墨的白色可以透視紙的顏色。

傑西會自我傷害，只有用自虐的自我折磨的方式生存著。當受傷處要痊癒結痂時，會再把結痂的地方撥掉。我想以從不透明油墨透視色紙的物質感，來表現出撥開快乾的結痂皮膚的那感覺。蒼白的白，是作品充份流露深深悲痛的顏色。

並非使用悲傷顏色的記號，而是把讀者心中悲傷的感情所產生出顏色的狀態做出來。也不是把對作品的印象託付在作為色彩的記號上，而是想用色彩的物質感去觸動人們的心。

山本光久翻譯羅傑・拉波特（Roger Laporte）的《探究——往思考的臨界點》（探究——思考の臨界点へ），其論述考證圍繞著作家們表明『寫』這件事和『書本』這東西的不協調。

羅傑・拉波特《探究——往思考的臨界點》（25開精裝本 二〇〇七年十一月 新宿書房）

這本書是採用與《變形蟲》（AMEBIC）相反的顏色使用法。相反於強度，考量用盡可能微弱的顏色來吸引人們的目光。

平版印刷油墨是水溶性的。有手感的柔軟紙張，而且未塗佈紙有很好的滲透狀況。在這樣的紙上印大面積的彩圖，紙張會挪動，於是在印刷現場要求設法抑制印壓、印刷速度和油墨濃度。

這被稱作是莫里斯・布朗肖（Maurice Blanchot）唯一弟子的作家，是透過生涯思索關於『寫』這件事的人。從書腰上保羅・策蘭（Paul Celan）的文章中，「雪花片片飄落在鐘上，微弱地搖動著……」這吸引人的一行字，是刺激裝幀者想像力的一本書。

並非將書名『探究』這兩個字做反白處理，而是在底部加入百分之十的米色。考慮將小副書名字做反白處理，淺米白的底色中便有了兩種白色的色差，想傳遞給有感覺的人。

無論哪個裝幀的工作確實都是一生只遇一次，同樣書籍的裝幀只有一次。一生只有一次！無法從作品的印象中讀取出想像的色彩，更何況是被想像出來的紙張，所以就不會有這方面的色樣。即使經過各種經驗的累積，在最初的顏色校對到出來後的結果，還是會不安的。

六 圖像

使用圖像的意義

在現代美術中，只用一種顏色塗在畫布上的作品，也以作為一種風格而獲得評價。包含那樣的作品，在世界上有形形色色龐大的圖像存在，更驅使著各式各樣的裝幀出現，尋找沒有圖像的裝幀是有困難度的。在書店的平台上，從插畫、繪畫、照片到更進一步的示意圖之類，到處充斥著有圖像的裝幀。

圖像是一切印象和意義的織品，和語言不同，一看就可以明白畫的是什麼。簡單地說，圖像就是將事物視覺地資訊化了吧！蘋果的畫是為了讓『蘋果』的意義和那個印象存在，而抽象畫也擔負著作為各種語言的圖像。沒有知識的人，也負有對畫的難懂、無意義的含意。然而同樣的蘋果畫，塞尚和雷諾瓦所帶來的印象不同，那就更不用說了！

裝幀者便是使用那樣的圖像意義和印象來表現的。使用在裝幀上的圖像，其任務因作品的種類而異。

據說以前裝幀表現的型態有四種，大致上分為實用・娛樂書和文學書。並非是那種被有目的性地購買的書。

任何一本書的裝幀任務，首先是吸引並留住讀者們的目光，這一點不論哪個都是一樣的。

但是在下一個階段就有差別了。用於實用和娛樂書上的圖像，是將人的目光留住，而『回應』是必須在瞬間被表現出來。

這些種類的書，由於使用明確的圖像，因此可以完成恰當的裝幀設計。而有一大部分工作是準確地掌握被委託的作品，並向編輯提出具有適合意義和印象的圖像。雖然感覺好像很容易，但事實上並不是那麼簡單的事。被委託的作品是不會有兩個相同的東西的，對那個作品來說，什麼是『明確』、『恰當』、『準確』？如何把作品和出版意圖用圖像給解讀出來？關鍵就在能否獲得第一讀者與編輯者的共鳴。

譬如，以圖解來裝幀設計《鸚哥的飼養法》這樣的實用書。先取材編輯、出版的意圖，如果有書面資料的話，那就更好了！這樣的取材很重要。包含資訊量，是要依據最正規的書籍呢？還是容易的入門書呢？其插圖的角色是不同的。

假定前者是鸚哥迷的讀者，從鸚哥種類的圖解開始，插圖的技法和其完成度要做到什麼樣的程度，是要跟預算一起邊協商邊判斷的。插圖和設計的好壞是相對性的，但也會隨時代而改變，不是喜歡或討厭什麼樣的插圖，而是去思考如何讓那個本質轉型變貌後會更好。

接著如果是後者的話，那麼就應該被設定為正猶豫要養什麼樣鸚哥的讀者。可以呈現出鸚哥的可愛感和擁有它的愉快感的插圖會比較好。

娛樂是心靈的實用書，我想圖像的任務就是讓它像一本『鸚哥』的書就好了。甚至連歷史小說的類型，也會因為被用在日本或國外、古代或近代，其使用的圖像涵義各有差異。

可以到書店平台和書架上確認看看，奇幻、科幻、言情、神祕等等，味道完全不同。這些種類的書，大多是目的性購買，裝幀的好壞，關係到如何能在作品的世界裡，使其有新鮮感地圖像化。

『各種不同的味道，是歷史所導致。』如果只是那樣的認知，那麼就只能評論性地學習到那個根基，而無法在現代中革新那樣題材的味道。只是大部分的插畫、裝幀都委託給像那樣的人去完成了。然而一但接受用那種技法來描繪、接受了那樣的人所畫出那樣的類型，就要有所體認的是，能得到的只有他所學到的東西而已。而對實用書的要求，則是以安心感來留住人們的目光，使用可以誘人心動的圖像。

文學書的圖像

在藝術性高的文學作品當中，也有拒絕有關任何圖像的作品。在書市中，如果是這種作家的作品，就算裝幀設計裡沒有圖像也是可以的，但是那樣的作品和作者很少。除了現代詩以外，在小說集方面，姑且不論那文學性，希望使用一些圖像的要求是被默許的，在內在外都有。

從江戶時代起，在通俗繪圖小說的故事書書衣上添加已知內容的畫一樣，這個問題是不能輕視或疏忽的。

文學作品的裝幀圖像，是以『框住』人的眼睛為前提，但是就像之前所說的一樣，必須加入『解放』人們的心靈。

當書店平台和書架上的一本文學書留住人們的目光時，那個讓目光佇留的理由如果只是一目了然的裝幀，是無法誘使人們變成他的讀者的。所以將圖像原有的意思和印象就直接那樣使用的話，就無法成為文學書的裝幀了。

文學書的圖像，是必須要了解，為何會留住讀者的目光、為何不能留住讀者目光，這兩方面。將受歡迎的畫家或插畫家的作品使用在文學書的裝幀上，是危險的。只看一眼，就會因封面插畫和這作家的印象，而產生對此作品的先入為主。

那麼在文學作品的裝幀中，要用什麼樣的基準來選擇圖像比較好呢？

在廣告的世界裡，當推出新商品到市場時，會將商品劃分為：商品導入期、成長期、成熟期和換購期等幾個階段，有時會從商品的普及率去決定宣傳方法。譬如，液晶薄型電視是成長期、電冰箱是換購期，以這樣的判斷來做廣告區分。

與此同樣情況的文學書也適用。

例如獲得新人獎的作家其首本書籍（導入期）的裝幀和有實績成果的作家的書（普及期和成長期）的裝幀有所不同。

普及期的作家，著作也有二、三十本，並已多次獲得種種的獎項，新書在報紙和雜誌上都會有書評刊登。而成熟期作家的讀者甚至更為穩定，就連書店也會不論冊數多寡地會將他的書理所當然地平整疊放展示著。

如果書籍也從市場的觀點去考量的話，就會被問及到作家各個階段和各個過程的裝幀。

文學書所使用的圖像被分為：說明作品的圖像、解說的圖像和帶來默默印象的圖像，這三大部分。

譬如說，如果將難以理解的圖像使用在導入期作家的裝幀上，就會因為作家沒有名氣，而變成棘手的書了。圖像是在書名裡含入作品的涵意，或是用於書腰文案的說明，淺顯易懂的解說會比較沒有問題。

倘若是成熟期的作家，則在愛惜那位作家形象的同時，亦增添新的魅力，來配合新的作品。以最新作來當做與那個作家作品的初次相遇，亦希望是和新讀者初遇的場合，以那樣的心情來考慮裝幀設計的圖像。

更新既有的裝幀印象的提示，也只能從閱讀作品中獲得。繼續經手作家過去的作品，整理並保存書評等，以作為理解新作的方法。還有對於長期熟悉的作品，就算離開工作，對作品的印象，也會在不經意的情景或繪畫展中，在眼前蔓延開來。簡單的備忘錄和草圖對於下一個工作是有助益的。

在閱讀文學作品時，書封的插圖（圖像）就會浮現在腦海裡，將那模糊的印象記在筆記本裡，立刻就成了具體的圖形，而為了做得更加具體，便是讓工作場所的資料能夠垂手可得，即使那些是泛舊的碎布或是從不知原照片是什麼的局部性圖片。

大概在這個階段時，書名的意義和文字的形態會浮現出來。譬如，用什麼樣的字體、成為什麼樣尺寸的字，諸如此類的。然而影響整體裝幀的東西到底是什麼呢？是剪下的碎布，竟意外地在某處看到和某畫家的繪畫重複出現。才剛剛發現，就將存檔的插圖抽了出來！

如果是娛樂或實用書的插圖，就會請插畫家或畫家來作畫，但文學書則專門使用現有的作品。那就是，前者（娛樂或實用書）圖像必須要有條理清楚的符號性，但後者（文學書）需要的是抽象性。心情或情緒不是能描繪的東西。

以前跟一個詩人拜託作品的時候，那個詩人說：「寫詩，就像是讓人哭泣般的東西」，這句話我一直沒忘記。首先，閱讀作品時就像是遨遊在如畫般的描寫中，跨越新舊，然後從作品中明白無誤地讀取出訊息，就是身為裝幀設計的我所能捕捉住的圖像。在其他的裝幀要素和重疊的構成中去掉個人性格，創作出謎樣的裝幀，成了這圖像的要素。

文學書封面設計的理想是，不論是什麼樣的意義和印象都不產生，封面上只有書名和作者名，奪去其所有的言詞的意義作用，就是那裡所有的東西。唯獨想吸引那些只想閱讀的人。在閱讀文學作品的同時，是無法讀取資訊的，作品不是資訊，而是根據言語所發生的事件而存在的，閱讀是將每一個人的事件資訊化。為此，便要能掌控且讀取到每一字、每一句的意義和印象。

這本書的裝幀，讓我第一次抱著想要閱讀的強烈想法，就猶如書店書架上有著未來的不安感和神秘莫測的茅塞感中放火的『火種』。

之前我也曾經說過，『火種』是駒井哲郎裝幀的《文學空間》。在我即將邁入二十歲時，設計這工作吸引了我，那時也進入了美術大學就讀，但還是沒滿足到自我的想法。

某天，在平常不太會去看的書架最上層的地方，有一本閃閃發亮的書，在交錯著黑色銳利線條的圖像中，有著像金色書名的文字。因看的角度改變，圖像彷彿被吃進去般地消失了。書店老闆站在腳凳上將書拿給我，但是在經過了近半世紀到現在，都還在工作室書架的最上層，書名的金色已經褪色了，然而黑色圖像的書背，看起來竟像是什麼神社的謝禮一樣。

文學作品的圖像就是要讓人被吸引而伸手去拿取，但在觀看時卻又不明白去拿的理由，就是要將那種謎樣化作成圖像。也就是說，將圖像的意義和印象，藉由封面紙的壓紋或混合纖維質、印刷油墨或表面使用膠膜的加工等等的種種要素去重疊構築，而使其成為可能。

單單只有圖像是無法裝幀的。書名的意義和印象，要與成為文字時的印象有所關連，所以圖像角色的決定是必要的。書名如果具體的話，圖像就會錯亂；而抽象的書名要是用具體圖像的話，就會讓一開始的思考成混亂。作者的知名度在考量圖像上也是重要的。

如果是已有評價且具高知名度作家作品的話，那麼具體就是具體，抽象就是抽象，所以讓書名和圖像配合也就變得可能。即使如此，也有必要依據紙張或油墨的兩次加工，加入新的神祕元素進去也說不定。

從筆觸生動的油畫到版畫，然後照片和劇畫，進而到插畫全盛期的現在為止，即使看到這三十年來，主要被使用的圖像的種類變化且多端，這些種類常常反映出這時代的氛圍出來。

但是那些並非只是裝幀圖像的任務，使用了流行的種類和有話題性的藝術家的畫，到處充滿著只使用新符號插畫的裝幀。不管是實用書或娛樂書，就更不用說文藝書了！都是閱讀以文字所表達出來的作品，而為了吸引想要純粹體驗閱讀的人，於是打算避掉只有新符號的插圖來表現。

使用圖像的作品

辻原登的《円朝芝居噺　夫婦幽靈》是一本關於活躍於幕府末年到明治時期的單口相聲家三遊亭・円朝，其〈夫婦幽靈〉演出劇目速記本的小說。

円朝收藏幽靈的畫是出了名的，其中有許多被收藏在菩提寺裡。我認為作者在

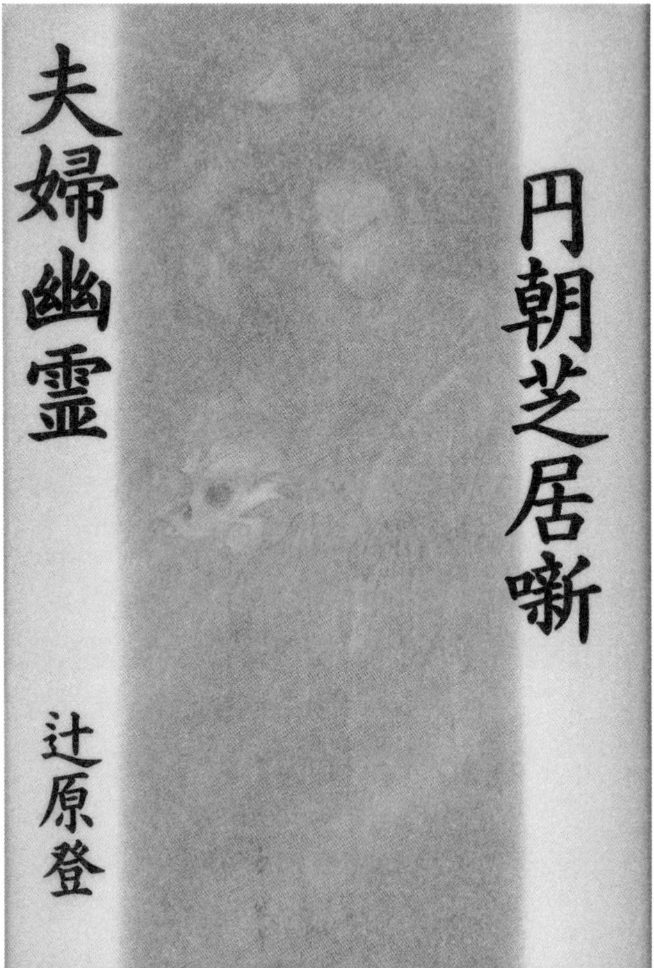

辻原登《円朝芝居噺 夫婦幽靈》（25開精裝本 二〇〇七年三月 講談社）

構思作品的時候，有去看過夫婦幽靈的畫，我也是因為閱讀了這部作品，腦海裡馬上浮現出這個畫，我想除此之外沒有其他的裝幀畫了！但是，由於作品的文學性高，所以如果就那樣將畫原封不動地照用的話是行不通的，這是需要花費心思處理的地方。

這本書的封面採用的紙是LUSCENCES（ルーセンスS，一種柔和淡色的特殊半透明紙），選擇具有透明性的描圖紙類的紙，在其裡面印上畫。

書的封面從書衣就有些微飄起來的感覺，當伸手去拿這本書時，會壓住封面和書衣間的縫隙，將那種行為導入了裝幀表現中。

一拿到手中，就好像是什麼畫的深色部分透出表面的感覺，彷彿是人的身影，沒想到一打開封面，幽靈畫就出現了！

這畫印在書衣的話，飄浮在表面的效果就無法那麼地強烈了；而印在內封面上，如果按壓下去的話幽靈當然就現身。

若是描圖紙的話，因為太銳利，所以使用了和紙風格的紙，這種紙重量很輕，無法使用在封面上，所以背面施以ＰＰ（聚丙烯）加工來補它的強度，同時也增加透明感，讓它的觸感跟視覺感變得更獨特。

一般普通的書籍封面是不會讓人想用手去翻開的，因此這本書應該是會讓人想去翻開看看。如此一來，便理解到在畫的周圍印有微妙的顏色。沒有顏色的只有畫的部分，但以漸層淡化的方式消去畫的邊緣。就那樣，創造出幽靈出現時的不安感，周圍沒有被印刷的部分的確有點草率，但這間隙是無法做出來的。

同樣地，畫本身的邊緣也被上了漸層色，表現出幽靈散發出的慘白，那樣的白也呼應了黑色的書名。封面裡的表面使用了層疊的方式，表現出作品所孕育出的不可思議的味道。

如果是辻原書迷的話，就算是單行本的裝幀也會看都不看就把書拿到櫃台結帳，然後連書店包裝書的紙書套都沒拆就馬上閱讀了！那也是與書的相遇。裝幀的工作就是——要把在書店裡還在猶豫要讀辻原的書還是別的作家的書的人的目光給留住；思索著，要把作者名跟書名變為一體、要以什麼感覺而存在、要有能吸引人心的東西。

古井由吉的《野川》是一本連作短篇集，以著者創作出的風格來收錄標題作品，是一部以主角幼年經歷為主軸的作品。

故事內容是說，主角在第二次世界大戰時，與母親和生病的父親三人，在河邊的房子裡一起生活。一個空襲激烈的早晨，由於如果生病的父親跟著一起逃離的話將會是一個負擔，所以母親就攜子逃難，出門去。幾個小時後回家，父親卻也平安無事。但是這數小時不安和迷惑的體驗，深深地影響了主角之後的一生。

讀完這作品後讓我想起博爾赫斯（Borges，阿根廷詩人）所說的一句話：「人不可能再遇見相同的河面」。反覆地想著將父親留在河畔家中的數小時，讓我想以『野川』的河面為圖像，然而這是抽象性高的作品，無法接近具體的圖像。

那麼河面要以什麼圖像來做呢？當想到這時，喚起了我對古井先生的記憶。那是大約二十年前，在岐阜一家書店舉辦的裝幀展中，一位客人的舉止。在書店的

古井由吉《野川》（25開精裝本　二〇〇四年五月　講談社）

一角，有我裝幀的書排列在特設的平台上，古井先生的書也被疊放在那裡。那位客人，埋頭用心地挑選著疊放在平台上約有十本的古井先生的書。

手取一本，注視察看封面裏、天地、書口，然後再下一本，對全部的書都做了檢查，仔細端詳凝視已夾在腋下的第三本書，然後拿著其中一本走向櫃台結帳。應該是不喜歡有任何的瑕疵吧！從那以後，親自經手古井先生的作品時，那個人的身影就會浮現在眼前。

想起那一件事的我，覺得不可能會有全部不同裝幀的封面吧！大量生產的書，應該沒有讓河面的圖像看起來不同的方法吧！要如何才能做出一本一本不同的書來呢？

以這樣的思考，使用了參雜著蕎麥纖維的美術紙，一般也被稱為蕎麥紙。而和紙則是參雜著樹或草的纖維。在少數使用於書籍封面的西洋紙中只有一種是蕎麥紙。如果使用這種紙的話，每一本書的纖維位置走向都不同，就可以做出不同的封面來了。

不過光只是那樣的話，是做不出河面影像的。時時刻刻表情千變萬化的河面。依回憶隨意翻閱著寫真集，但是完全沒有可以用的圖像。從湖泊和池塘的水面，到使用水的美術作品，都沒有找到任何河面的影像。記得有這個印象，但是在腦海裡卻沒有任何像那樣的圖浮現出來，作品中有野川，但沒有具體的描述。儘管如此，我在閱讀校樣時，在作品的催促之下，尋找著川面的圖像。

是什麼樣子的水的照片呢？如果遠眺的話，會意識到野川是否就是時間的隱喻，而尋找的川面是時間的表面，那樣去解讀。

印刷在野川封面上的圖像，是一九三〇年代在蘇聯被發行的冊子的書衣用紙。在木材紙漿中溶入舊紙和破布，混合抄製造紙，混入各種不同的東西進去，沾染著長年累月的汙漬和髒汙，呈現深暗的藍色。拍攝這紙時，已在蕎麥紙上印刷了。冊子紙張的碎屑、汙垢的位置是一定的，然而為底的蕎麥紙，其粗細、長短的各種蕎麥所置入的位置和數量是散亂的。每一本冊子的照片都可看到全然不同的表情。野川被多次再版，因而有著數萬本不同的裝幀。

《野川》的封面策劃，對以從十本書中挑選出一本為要求的岐阜人來說，應該會滿意地笑了吧！

《野川》是被收入在講談社文庫裡，但文庫是從作者那裡收到的簽名本的封面拍照來使用，所以無論哪一本，在時間點上都是相同的。

村田喜代子的《鯉淨土》是一本短編集，也是書中的一個篇名。描述在替丈夫病後的調養之時，為了讓他吃鯉魚料理而帶丈夫去養殖場買魚的故事，是個意義深遠的亮麗書名。

圖像是我喜歡的畫家其二十年以上的畫作。修圖是需要工夫的，而封面重要的是書名、鯉魚和書腰。若原封不動照原本的畫印刷的話，會分散人的視線，且無法引入書名中。

村田喜代子《鯉淨土》(25開精裝本 二〇〇六年十月 講談社 有書腰的樣子)

村田喜代子《鯉淨土》（沒書腰的樣子）

就算是修圖，也不能割捨不必要的部分，如何隱藏不必要的部分才是重點，封面所需要的是鯉魚和女人的手這部分，以外的就用書腰遮住。

如果是作者的書迷，不管圖怎麼修都會購買吧！然而要捉住沒有讀過這作家作品的人的心，就必須要費一番工夫。即使決定圖像，在編排整合裝幀的書名和書腰的文章時，也要能斷定圖像的哪一個部份是最必要的，靈活運用書的立體後將情報多層化，策畫一些能吸引各種不同人們的眼和心的花招是必要的。

另外，圖像要如何收集呢？對我喜歡的展覽我一定會去，而且如果有讓我感到一點興趣的畫，就會去索取目錄。

在書庫裡，從學生時代開始購買的美術書、畫冊、圖鑑之類的書籍到雜誌都保存著，有關基本的世界和日本美術全集，則是為了要先查尋從作品中感受到廣闊的圖像印象。除此之外，終究還是為求個人的興趣，有人的興趣是電影或音樂，而我的愛好則是看美術書。

閱讀被委託裝幀的作品時，突然想起以前的畫冊。《鯉淨土》所使用的畫是幾十年前買的畫冊裡的畫，幾乎都快被我遺忘了！依據作品所產生的廣闊的圖像印象，查尋自身的索引，心想「有看過這種鯉魚的畫」，然後就依浮現在腦海中的畫家名字或圖鑑名稱，去書庫尋找。

不僅限於美術作品，我也喜歡看一些東西。聽我母親說，在我兩三歲的時候，到海水浴場都不下水的，好像只專注在水邊撿貝殼、玻璃、陶器的碎片。

啊！～好喜歡那一瞬間的感受哪！沒有任何意義理由，純粹視覺上的快樂。那樣的瞬間剎那地沉落到無意識的底層，因此裝幀作品的印象浮現上來，意義和理由就此產生了。

南木佳士的《突然的藍天》（急な青空）是整理了身邊雜記的散文集。作者是從心臟疾病康復的階段徒步登山開始，以「如果有登山依存症這個病，那明顯地應該就是罹患這個病了」開場的『蓼科山』為書名的出處。

在爬陡坡上氣不接下氣時……啊～就是這裡了吧？就在快要喘不過氣來的當下

急な青空

南木佳士

Nagi Keishi

南木佳士《突然的藍天》（25開精裝本　二〇〇三年三月　文藝春秋）

突然視野開闊，眼前出現藍天，那藍天成了從病魔中逃離出來的契機所象徵的風景而被記憶著。我想要以書的形態，將那樣的瞬間圖像化。

重點是『突然』。小小的視野一越過山嶺就變成一片藍色，蔓延的那一瞬間，是無法用插畫或照片表現出來的。從書的形態來考量，把藍色封面視為天空，書衣的上方部份，從書背一直到正面三分之二左右的地方割下一條流暢的曲線作為山脊，以顯現封面的天藍。

平田俊子的《寶物》（宝物）是充滿某種的幽默和諷刺的抒情詩集。

如果對書名『寶物』的印象做種種考量的話，就差不多是往『包裝』的行徑方向去了。裝訂型式是用軟精裝來包書，而軟精裝書的書封（兼封面）再以玻璃紙包覆著。

軟精裝書有古典歐洲的印象，但那並非是作品的條件要求。這個裝幀的需求：一個是，像寶物般重要東西的印象；另一個是，重要東西的印象。這是摘去帶有

平田俊子《寶物》（長32開精裝本　二〇〇七年十月　書肆山田）

感情和想法的語言枝節而取其詞，放棄神祕的未知，將這兩個以玻璃紙包覆來合而為一，呈現出尺寸不足（被截取）的封面和書腰的面貌。

以書本的形式來描繪呈現寶物，是沒有圖像的圖像。

金石稔是六〇年代嶄露頭角的現代詩人，因其尖銳激進的詩被視為特異的語言而被出版。《聽星》（星に聴く）是他的新詩集。

追逐在字裡行間時，不可思議地加速對文字的窮追不捨，並吸收它的意義。將那詩的面貌以反折加長尺寸的書衣成裙襬狀來製作，在書名上表現出那個形象，封面水墨波紋般的圖樣，是紙的紋路。

平出隆的《平面設計的漫遊》（遊歩のグラフィスム），是在前封以燙金方式做出棋盤格狀的線條，這本書的裝幀是基於將Graphisme這個聽都沒聽過的字眼具體化為考量。Graphisme的意思是以某種圖形來捕捉顯像，以那樣的思考來巧妙

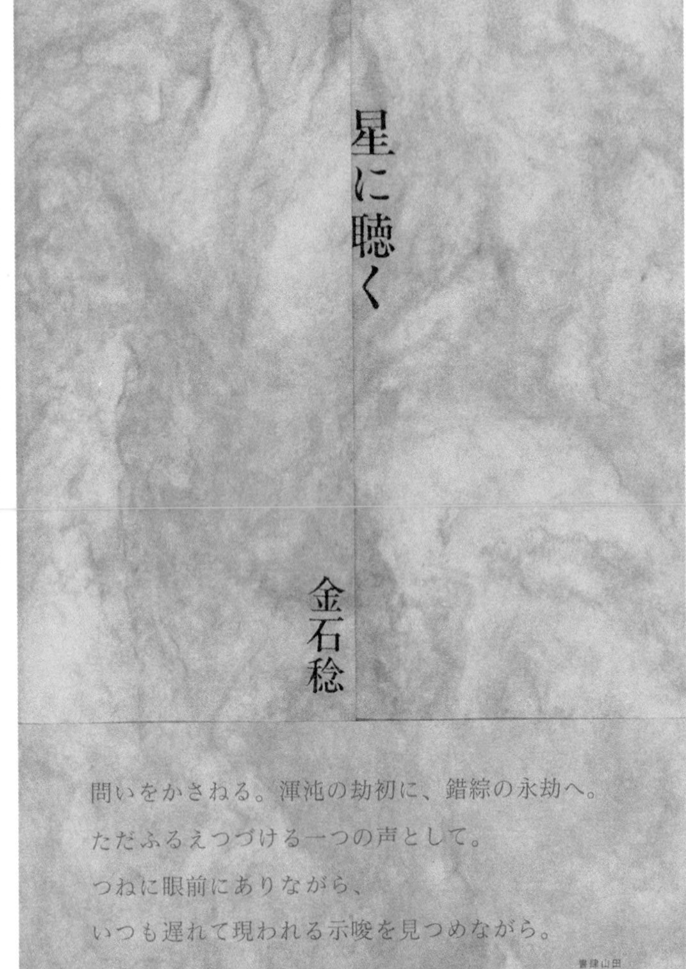

金石捻《聽星》（長32開精裝本 二〇〇七年九月 書肆山田）

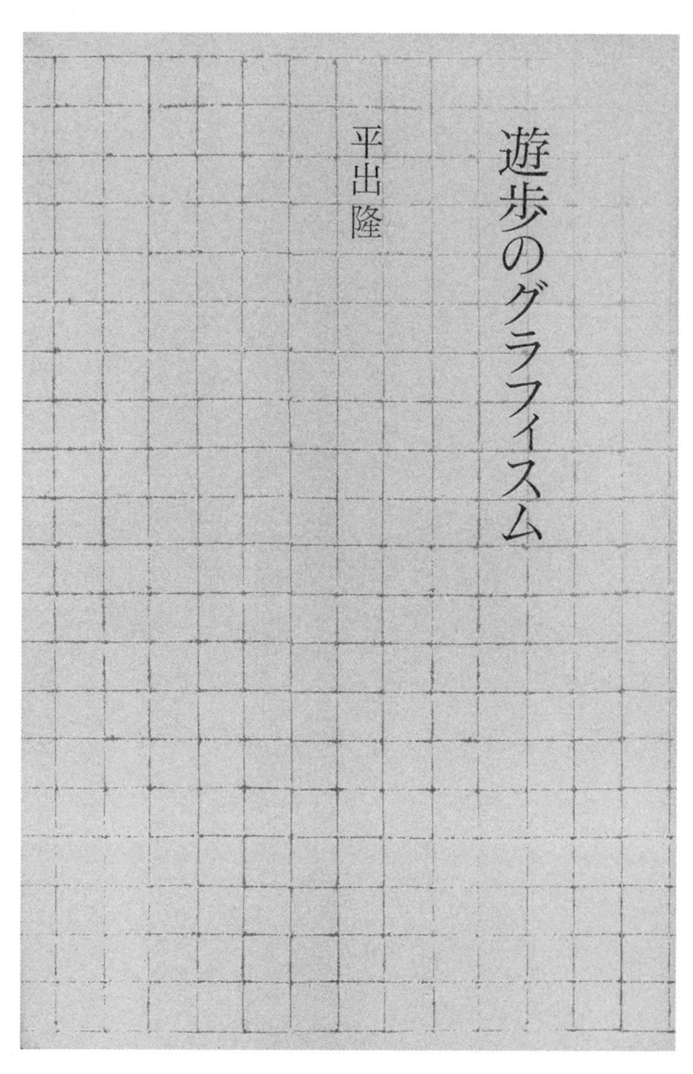

平出隆《平面設計的漫遊》（32開精裝本　二〇〇七年九月　岩波書店）

佈局言語藝術論。

基本上棋盤線是用灰色來印刷，且以漸層方式讓書名周圍和書口的灰色消色。但是，所有的線條皆被印以透明P，引導讀者的眼睛從有線到沒有線，再引導到什麼都沒有，往每一個人被生成的根源去。

在書店將此書拿在手中，乍看會以為是印刷不均勻的模糊棋盤線。但光線的角度會因手的動作而變化，所以棋盤線應該是能清楚看見的。藉由圖像的裝幀，把對作品的認識形體化，與拿者的行為變成一體的存在。

七 時間和空間

時間和空間的想像

裝幀讓書有立體表現。在書店的空間裡，人們在平台和書架周圍巡視，因裝幀讓目光停留而伸手去拿，人和書之間的時間便從目光佇留的時刻起開始流逝。

從平台上被拿取的書，從封面可以看到書背，書腰的文章被閱讀，被書腰裡面的文章吸引，封面的裏面也進入眼簾。而在閱讀書腰之前和之後，對書名和封面圖像的看法也會跟著改變，在這當中，時間一分一秒地流逝。

若目光停留在書架上的話，細長形的書背，一到了手中就變成長方形的書本，一翻開書衣長方型就加倍地擴大了。

書是立體的東西，是讓人拿在手中、翻頁的東西。如何讓擁有這本書的人意識到，當人們的目光佇留時，書所孕育出的時間便開始自然地流逝。也就是，如何將作品裏汲取時間的感覺，表現在書的時間裡。

小說，是以決定時間軸與空間軸來構成表現為考量的。相對於詩的話，就不會有制定時空軸的構成表現了。

閱讀小說作品的時間感覺，也必須考量到文字和圖像。有關時間的形象是以故事的架構被顯現，然而在書中角色的發言和對話中潛藏著作者的下意識，揭露閱讀時間感覺的重要。

首先，用文字的大小來說明有關時間的表現吧！

很多書背和封面的書名文字是用相同字體，但大小不同。而封面的書名文字，處理得比書背的大。

目光停留在被收納進書架的書背上，從書架上取出、拿在手中。在封面上被設計編排了的書名文字，其文字級數與書背的一樣的小。一般是不會有人對此做確認的，平常無意識地拿在手中的書，其文字樣貌的差異，難道不會撼動人的無意識嗎？如果只是把小的東西變大而已，好像就可以觸動人心，而文字大小沒有變化是不是就無法停止自然流逝的書的時間呢？人們將時間流逝在無意識地翻閱書衣、封面裡、扉頁的行為中，動搖作品的時間感覺被表現在書的時間裡。

例如書背的顏色用藍色，封面用紅色，翻閱書衣後封面裡是黃色，再繼續翻下去扉頁是綠色……，我想這樣會讓人留下片斷的時間印象。還有從書背到書衣、從封面裡到扉頁施予一色的漸層，若文字從書背到書衣、再到扉頁漸漸變大的版面設計的話，便可表現出時間緩慢地流動著。

也可能可表現出無時間狀態。無論是封面、書衣、封面裡或扉頁，全部都同一種色彩，且書名的級數大小也都相同。書在手中時間自然地流逝，什麼都不動了，或許就像屏息住呼吸一樣地與內文的第一行相遇。

從書背的書名開始一直到本文傳達給人們為止，可以將那些印象按照作品的先決條件，以書背是舞台布幕、封面是第一幕、扉頁是第二幕……等等如此地使用。正是裝幀設計這個戲劇的表現。

即使目視海報，也不會產生時間的流動，那裡只有「看」與「被看」的關係，讓你意識到那是現代美術中的一個主題。但是，在裝幀表現裡，因為是利用書這個形態來撼動時間的意識，也可能從看與被看的關係中將人解放。

不只是視覺，觸覺的變化也可以喚起人們對時間的印象。從封面到扉頁用同樣粗糙觸感的紙做設計，試試看從封面到扉頁紙張，從粗糙的觸感到平滑觸感間的變化。也有可能是相反的做法，但卻可以表現出作品的時間性。

在實用書的種類方面，從書背到扉頁，將作品具體的時間印象以圖像來設計，則可以表現出明快的時間。

書的空間

書是當人們的目光停留、被握在手中、被翻閱著書衣時，便已展開它實際的空間了。如果是廿五開三百多頁的精裝書，放在書架上則讓人看到的是高二〇公分，寬約兩公分的短小書冊樣貌。

而拿在手中，換九〇度角方向的話，空間就會開闊成寬十三公分了。如果翻開書衣的話，扉頁是封面的一倍，高二〇公、寬二六公分的空間便在手中展開來。

將這變化的空間與時間用以相同的思考方式，就能因應作品空間的印象演出。如果是觀念性的作品世界，就能夠將想像成虛空和密室的單調空間做個統一或用抽象的圖像竭盡所能地表現。而倘若是以日常生活作為主題的作品的話，也可以把書的空間設計成像戲劇的舞台場景那樣。

稻葉真弓的《還流》是描寫女性三代有如陀螺般生活的長篇小說。祖母的丈夫，和她女兒的先生都很早就過世了，與高中生的孫女三人在河口附近的小鎮上相依為命地生活在一起。孫女和母親的現在、甚至與祖母一生的歷史，完全地牽連在一起，這是一個有著以長時間和空間為主題的作品。書名『還流』是從高中生的父親其興趣釣鰻魚的事件開始，但可以閱讀到三代一生的環流。

裝幀的封面表裏，是使用了現代美術作家的畫。浮在水面上的船和封面裏只描繪著水面圖樣，像似與作品封面設計中所畫的圖像相遇。

製作書籍的用紙是壓有細線橫條紋的美術紙，做出流動河川的感覺。封面是白色的，構成故事的中心，畫和書名的編排設計暗示著父親的意外之死。與書衣相同的紙張但顏色不同，祖母的印象是深藍色；封面裡母親的印象是藍色；然後扉頁是明亮的藍則是孫女的印象。橫向流動的壓紋圖樣，是要設計出依照顏色變化表現出三人三樣的時間與空間的感覺。從祖母到母親，再到孫女的時間流動性。

封面裡的書口部分被裁掉約三公分，但這是為了在翻閱書衣時，能在母親之前先看見女兒的顏色，從書衣到扉頁露出三種顏色，將女性三人的時間和空間的環流做多層次的表現。

作品的時間和空間的印象，從封面的表裏到書衣、蝴蝶頁、扉頁的設計是深奧有趣的裝幀表現，但通常單行本因成本的限制而受到阻礙。一般的委託是封面四色、書衣單色、蝴蝶頁

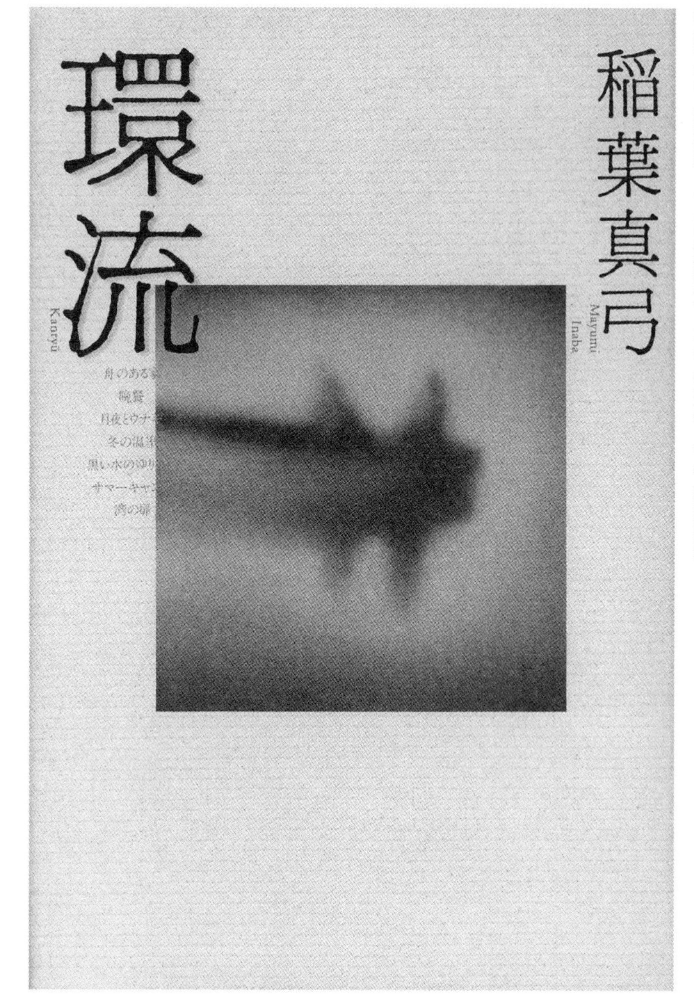

稲葉真弓《還流》（25開精裝本　二〇〇五年八月　講談社）

不印、扉頁印兩色，在顏色上有許多附帶條件，能很完美地將時間・空間的印象表現到書籍形式的機會，可以說很少。

八　要素的構成

多層次的設計

到目前為止，已提到的裝幀構成要素有：文字、紙張、色彩、圖像、時間和空間。這六個要素是閱讀了被委託的作品之後所得出的想法。

接下來要說的是『多層次的構成』，這並不是從作品中得來的想法，而是裝幀的表現問題。

六個要素構成書籍。書並非只是讓人們遠觀而已，而是要讓人們拿在手中翻閱的東西，所以有必要一併考量到封面的文字和圖像還有紙張的觸感。翻開書衣後就可以看到封面裡，這顏色和質感也會改變對封面的印象。

結合書的物性要素的版面設計是多層次的構成。就依虛構的書的裝幀，來談談多層次的構成吧！

在書店的平台，眼睛停留在作者名的書上，是一本以大字體印刷，名叫《幸福》（幸せ）的書，因為對作者感興趣所以拿在手中。封面是細小微裂的壓紋紙，書名文字可以看到裂紋，觸感也是硬的，有著冰冷的感覺。總覺得似乎破壞掉『幸福』這文字的印象，『不幸』的詞語和『幸福』重疊著的。

另外，放在平台上的是一本封面配上可愛嬰兒照片的書。靠近一看，還有像皮膚發疹一般的凹凸，拿在手中那是印在一粒一粒觸感的壓紋紙上。有著雞皮疙瘩的觸感，但視覺卻因與『可愛』的印象重疊，而震撼人心。看到的東西與手上實際接觸到的印象是互相矛盾的，而對嬰兒原先懷有的印象崩解了。

人的目光之所以被吸引，是因為有人們心中所想看到的東西，而反之則不然。裝幀也是，不管是從作品中讀取的文字和素材、顏色和圖像等，都是為了讓人們目光佇留而使用的。這四個要素，都是向人的視覺發出訊息。視覺的東西，操控著印象，也可能當作符號來處理。例如添上符合書名的意思和印象的顏色，應該會讓人感到親切和安心。書名『青空』，不論是誰，一說到青空，腦海裡就會浮現出其所選擇的顏色。

裝幀的任務，首先是要讓書這物品吸引人們的目光而讓他們能停留住。但是，停留住人們的目光並不能誘使他們變成讀者。為了這個原因，多層次構成是必要的，由於多層次構成要素，因此要避開書名和圖像意思和印象，必須用一般的想法將心解開。

看到時應該會知道的，卻因觸感而變成朦朧。從遠處看無法看到的凹凸材質，拿在手裡後與圖像印象一重疊，便扭轉了原本那個印象了。被那多層次的構成帶來的已知轉變成未知的剎那間劇情，引領著想解開謎題及閱讀的心。

閱讀這事，不只是知道被寫些什麼事情而已，也可以領會到作品原本的涵義。好像是在翻譯似的，抓住每字每句的意義和印象。

用裝幀去誘使人們真的去閱讀是一件非常困難的事。先以廣告和書評、人們的推薦等為資訊，讓人們可以在書店與書籍相遇。但是，那也是非常困難的，我想表現出文學作品的語言和與人們真正相遇時，一剎那間的戲劇張力。

從讀過的人的『感想』中得到激勵而試著去閱讀，並不是一件壞事，但那僅僅只是追隨體驗別人的『感想』而已，並不算是有讀過。『我』從作品中領會，或者依據作品從『我』中被讀取出其意義和印象是非常重要的。裝幀者會用文字和素材、顏色和圖像表現出來，但是那只是以裝幀者的印象去裝幀出來的書，也可以說是非常個人的『感想』。知名美術家的裝幀，其自身只是作為符號被使用著，在與書評和廣告看到的絲毫沒有任何變化。

從要素去除掉裝幀者的個人特質，誘使目光佇留的人們想要閱讀的心而做出的謎樣裝幀，是能把要素以多層次構成的。

文字編排

裝幀的文字編排是立體的版面設計。從書背到封面、從封面到書衣、從封面裡連續到扉頁，是為了透視多層次空間而規劃設計的。

在書店的平台上，藉以書的封面來讓人們相遇的時間只有幾天而已。被收納在書架上的書本，其書背讓人觸目可及的機會應該是比較多的。省略掉書背設計與封面設計的關聯性是難以想像的；同樣地，省略掉封面與扉頁的關連也是不可能的。

具體來說的話，如果是廿五開、書背寬度約兩公分的圓書背的書，在除去左右圓弧感後，書背的書名文字每一個字便約有一公分左右。當人們看到後，再從書架上拿在手裏，就會與表面被擴大感（很少是縮小、同尺寸）的文字相遇。這差距的程度所造成的印象，應該也被附加了文字的意義和印象。

通常在設計封面時，會先設計封面正面的書名文字大小，然後縮小尺寸放入書背去編排。但如果考量到人們是從書架上先看到那書名的話，就有必要重新評估修改設計了。

書背和表面的書名設計重點是，考慮兩個空間的不同。如果以先前所舉例的書背寬度兩公分的廿五開的話，書背的文字是約一公分乘十八公分的細長空間，封面的表面則大約是十三公分乘十八公分。

將同樣的文字縮小使用在書背的話，書背就會變得狹窄，如果是筆畫多的漢字，就變得很難閱讀。不管是什麼樣的意思和印象所設計出來的文字，在書背上文字會使用些微（幾個百分比）拉長的細體字，並且調開字間，這應該無損於將文字的印象傳送到人們的眼睛裡去才對！

另外在文學書的裝幀上所處理的文字是書名和作者名。根據作品的內容和作者在社會上的流通印象，應該就會自然地浮現出這特性的字體出來。首先，要抓住『特性』，選出描繪出文字的基本。但是『特性』除了帶給人安心感之外，沒有更多的力量了。如果出版數量很多的作者其裝幀只有『特性』的話，會讓人想起的就只是那個作者而已，並不會讓人們有想伸手去拿的意願。下工夫去更新『特性』是有必要的。依照所想到的記下來，如以下所述：

①從『新的』、『舊的』字體，去發掘出這『特性』。

②做出『特性』的最大和最小。

③將『特性』品牌化，請設計師、藝術家描繪出來，請作家寫出來。

④文字的基底材不是紙，而是金屬和石材、木材和布。

⑤文字的媒體不是油墨，而是畫具、刺繡和烙印。

⑥將文字物體化。

⑦施以特殊的印刷和加工。

對象的『特性』，並不單單只有裝幀設計者的意識，也潛藏著讀者的無意識。讓讀者無意識的『特性』意識化而成新的『特性』，如果沒有意識到『特性』，就不能迴避它！

在我開始工作的三十幾年前，裝幀的書名和作者名的文字，從活字的清樣變成照相排版的青黃不接時期，是把用活字巧妙地處理文學書的特點翻譯成照相排版文字的時代。在印刷物這品味上我喜歡活版印刷，但能滿足我的是照像排版文字的字體及豐富的種類。

但是在工作中，也有由於被委託作品的需求，而從字體範本中，只是選出適合的文字來使用，而感受到諸多受限的情況，這也是事實。

「新書」的版型

從日本近代到現代的裝幀，依據書的種類做出表現的樣式，散文集就用散文的樣式，小說就用小說的樣式。製作文庫和新書的版型規劃工作時，也不能偏離歷史性的樣式太多。

因為關於講談社的文藝文庫中有提到思考文字的章節，在此思考一下新書的版式吧！在這裡也有著『框住』和『解放』的重要意義。

「新書」這名稱，是仿效英國的鵜鶘叢書（Pelican Books）在一九三八年被創刊的岩波新書而來的。作為廉價的教養書籍，不管是哪家出版社的新書，即使封面也都使用兩色。以比三十六開（B6）稍微小的尺寸和書衣的兩色印刷做成的新書來框住人們的目光，是無法偏離這個框架的。甚至還有印刷的成本考量，不過倒不如說這就是最重要的因素。

書名和作者名的字體尺寸是固定的，無論書名的字數如何地不同，也要以彰顯版型設計為理想。自我完成版型，書名是沒辦法管理多餘的東西的。

我最初製作的新書版式是平凡社的「平凡社新書」以及同時期的「洋泉社新書Y」，最近則設計了villagebooks 出版公司的新書。

平凡社新書　一九九九年五月創刊

新書
186
y
日本人の遺書
勢古浩爾
Seko Kouji
yōsensha

新書y 二〇〇〇年五月創刊 洋泉社

大型出版商，每月發行約五本到十本左右的新書；中小型書商則是一、兩本。從平凡社和洋泉社開始出版新書的時候起，新書的內容與以前相比是有所變化的。

像是月刊雜誌的每月特集一樣，主要的主題變得比較及時性。不僅講求速度感和差異化，也要求新書的構想、設計，還有要以怎樣的戰略性，把現存的靜態新書構想變成現代的東西。

首先我是講究『形』的人。如何將既有的『形』轉變成新的『形』呢？所謂製作版型就是製作容器。製作看起來有魅力的盛裝文字的容器。

這不是色彩運用或『形』的差異，而是構造的問題。

既有的新書在封面的底色面上印黑色書名和作者名是基本的，周圍留白或者全面放置，可說只是做出了底色面『形』的設計差異。

各出版社的底色，因為強調形的顏色，所以書名不太突顯，而我則是將此反向操作。以白色塊為形並將書名和作者名上黑色，在白色塊形外的周圍上色，不著重形體，而是讓人們的眼睛直接地往書名看。

平凡社新書的特徵是壓上白色的色條，這是從空中看到情報十字路口的印象。在白色十字路口上的書名和作者名以黑色油墨來印刷，十字路口以外的地方是紅色，由四個方向構成白色十字路口的中心而成了吸引人們目光的形。

洋泉社新書也是相同想法，像似將兩條手帕斜斜地重疊在一起的白底色紙的主題，採取了大的書名文字和作者名，周圍是橘色的，上面天的角落印上「Y」的標誌。

由於將原有新書造型的反轉，我想就可以完成仿效與之前新書一樣的版型。villagebooks的情況是用極大的書名文字直排置入的格式，表現出新書的特性使其形的要素減到最小限度，以書名的字數和意義讓書名的大小自由地變化，賦予新書一個新的面貌。

多層次意識的作品

上野昂志的《攝影師 東松照明》是在封面的正面和書背的接合處，設計編排了書名和作者名。

東松照明是戰後攝影師的代表。東松照明的攝影其對象沒有纏覆著自己的觀念、美學在裏頭，而是讓人們看到物體本質的展現。並不是自己如何地看這東西，而是為了要如何拍出東西的本質而費盡心思的攝影師。

在東松照明有名的作品中，有放置在廢墟的石製的流理台的照片。那張照片給了我靈感，而考慮做出在像流理台般的書店平台上和書架上的書的裝幀，結果就成為這樣的形式了。

讓人們的視線可以在書背處從左稍稍往正面移動，在封面則從正面稍稍往右移動，去捕捉被表記在圓背書的書背和封面正面邊界的這個曲面上的文字，使書的形狀和人的關係變成多層次的構成。

但是，這裝幀抱持著是否有實踐到裝幀機能的疑問。不論書名或作者名，若站在書的正前面，是可以

上野昂志《攝影師 東松照明》（32開精裝本 一九九九年十二月 青土社）

看得到的；路過的話，就看不見了！

這本書的裝幀限定了人們閱讀書名的位置，但是藉由限定，並非只是實踐機能問題而已，還有誘使人們想看的意識。反而言之，所謂東西是包含那東西的訊息。在大型書店的攝影相關的書架和平台上，漆黑誇張的樣貌突出，應該會引人注目的。

伊藤比呂美的《延命菩薩 新巢鴨地藏的緣起》（とげ抜き 新巣鴨地蔵縁起）是長篇詩，豐富的詞藻，有時舒易，有時又迅速地震撼人的身心。內文的組成發揮了寫作風格所帶來的體感，這內文的組成，天地幾乎沒有留白。閱讀著直排的內文時，視線變成從上到下移動。版面的上下沒有留白的話，閱讀視線會從頁面跳脫出去，成為接下去閱讀時轉移頁面的障礙。

但是敢於這樣做是有理由的，一但開始繼續閱讀這作品，說經節和淨瑠璃『說唱故事』的節奏和速

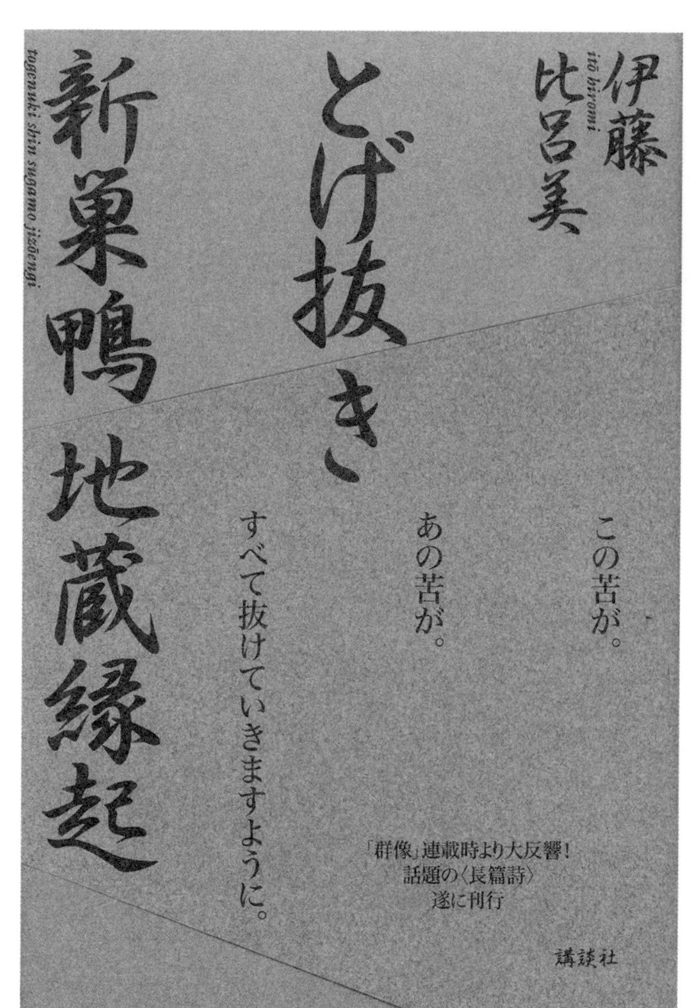

伊藤比呂美《延命菩薩 新巣鴨地藏的緣起》（25開精裝本 二〇〇七年六月 講談社）

度便會漸漸恢復。進一步閱讀的視線，也加速了字裡行間的移動，不在乎有無留白，少少的留白反而帶來舒適的緊張。相反地，無法跟隨著速度的視線的話，就會從紙面上跳脫出去，引人進入作品的實際情況，帶來真正有味道的版面。

裝幀也被認為是將作品所帶來的速度感無限地往書的形式使之昇華，重點是變形的書腰，地藏脖子的圍裙。從封面、書衣到封面裡是清一色的紅，文字是黑色；書腰和扉頁是綠色。強烈的顏色對比和書的形式與非常可怕的書名對峙著，為裝幀帶來了緊張感。

大江健三郎的《奇怪的二人組》（おかしな二人組）是得到諾貝爾獎後的小說三部曲，由於作者的希望，打算以三部曲之作向讀者再次提交的想法而被發行的。

原著的三本都是司修先生所裝幀的，但是因為大江先生和出版商的希望，出版商使用了書籍的內文不

「おかしな二人組」スウード・カップル（三部作）

取り替え子 チェンジリング

憂い顔の童子

さようなら、私の本よ！

大江健三郎

人生の困難と悲哀を
乗り越えて見出すもの。
友人の映画監督の死を
きっかけに書き始めた
ノーベル文学賞以降、
後期作品の集大成。講談社

特別付録・自著解説小冊子／全冊奥付に著者検印。

大江健三郎《奇怪的二人組》盒裝（25開盒裝書 二〇〇六年十二月 講談社）

包含版權頁，然後將圓背改成方背後裝訂，想將裝幀煥然一新的三本書放入書盒裡。

裝入書盒的方背書，書的放入取出很麻煩。從以前舊有的方法就是在書口的地方做一個凹槽，讓手指可以伸進去而好取出。不管怎樣這外觀變得離作品很遠了，我想和原著的裝幀不同，盡可能地做出簡潔的東西。

作者將三部曲取了個總書名的我從包裝《奇怪的二人組》（おかしな二人組）的三個作品的書名中幾經苦思的最後，腦海裡浮現出『箍』的東西。像使用在木桶或桶子上的鐵環，就是『箍鬆脫』（逃脫束縛）的箍的意思。

為了要做出裝束三本書的箍的想像形狀來，經過反覆失敗的試驗，最後，發覺到了切割箱子的方法。在貼盒的縱身切割出寬度細長的條狀，從側邊看起來就像是箍的形狀，如果把箍卸下的話，角背的書就可以很容易地取出了。這工作是我對裝幀，相較於意識，會更在乎朝向物質性東西的契機點。

《精選版 日本國語大辭典(1)》盒裝(B4盒裝書 二〇〇五年十二月 小學館)

《精選版 日本國語大辭典1》是把原著十三卷編輯成三卷發行，適合放在書房和辦公室的桌上，設計成也很方便使用、約二千頁的方背書。在出版商的製作者和裝訂廠的熱情支持下，解決了難題，書體的外觀帶有古典書背的樣貌，但裡面潛藏了增加製書強度的工夫。

書盒上點點的金箔壓印獲得好評，但是也有不少人注意到在書名處用黑箔印壓的文字會依照角度而看得到立體的字樣。這個首先用黑色將書名印刷在盒紙上，然後加聚丙烯（PP）的膜，在這之上用黑箔再次印押上書名，由於些微薄膜的厚度，給下面被印刷的文字帶來陰影的效果。

蜂飼耳的第二本詩集《食者被吃掉的夜晚》（食うものは食われる夜），從製書到裝幀所有要素被多層次構築著。

詩是只從時間和空間的自由部分，考量追求著書這個形態（蘊含著實際的空間和時間的東西）。和小說的

蜂飼耳《食者被吃掉的夜晚》（長25開精裝本　二〇〇五年七月　思潮社）

食うものは食われる夜

蜂飼耳

音たてちゃ　いけない　今夜は
もの音たてちゃ　いけない
背をあわせ　うつろの胴は長くして
横たわる　濡れた眼玉に
すがた映し合い寝たりは　しない

多彩な言葉の心拍をもとに、刻一刻と生成を重ねる
生き物たちの、秘められた繫がりを描き出す。
速やかなイメージの連鎖と躍動。
新しい水陸の世界をひろげる、待望の新詩集。

思潮社

裝幀同樣地，從作品領會文字以及素材、顏色和圖像這樣的裝幀要素，但在構成上則不採既定型式。即使詩人和編輯對版型有所希望，但有關製書是沒有限制的。詩集方面，首先『形』的印象要比什麼都先做，致力於將作品的印象往全書的形去昇華。

文字的形和圖像擔負著一些意義和印象，詩真的是只有閱讀人數才可以產生意義和印象的。之前說過，裝幀表現的其中一種風格是學刊，詩集的裝幀的形式可以說是專門化的學刊。

蜂飼耳其詩集的製書、裝幀的印象，像似手中抱著未知的小動物一樣。

主體的書衣是用杯墊的原紙（實際上使用的是杯墊紙），這只有一毫米厚，但是好像是結合三層厚度的感覺。當初的感覺是想要有五層的厚度，但是在試做書樣時，因無法裁斷所以就放棄那個念頭了。不黏書背，而在內文的前後以扉頁的紙粘貼在封面和封面底裡。

書背是把裝訂內文的一台台紙就照原樣地露出來，像診斷動物的背骨一樣。因為沒有書背書衣，書就會完全地攤開，像似關節很軟的小動物趴伏著的姿勢一樣。書衣完全不放任何文字，準備了兼具封面和書腰的桶狀箱子，用雙手垂直地拿著，加上一些力道把書抽出來。這詩集出了兩種版本，因為再版的成本差異和時間上的考量，而改變了新版的製書和裝幀，活用了以書背一台台摺紙為展現形式的平裝本，像被捕獲的動物的姿態。

《掩蓋的葉》（隠す葉）是蜂飼耳的第三本詩集。相對於之前作品輕快的特徵，這套書的讀後感是——有感官的味道。同書名之作品，像似從收納衣物的箱子裡一件件地穿了就丟，連最後一件也燒毀掉。由於沒有可以穿的衣服，所以將樹葉裹在身上。

從這詩裡所懷有的行為動線所想像出的形，是個尺寸不足的箱子，企圖想把人們每次從箱子裡將書拿進拿出的那個行為給呈現出來。在與詩人討論的時候，提到有個「正沉沒於水中的石臼」畫面想像的

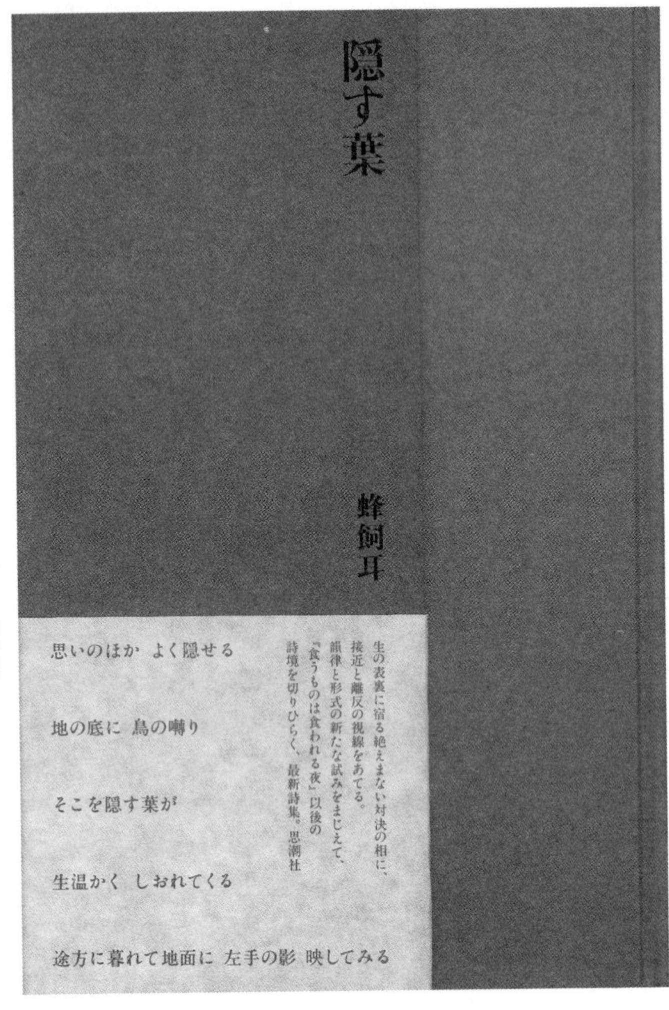

隠す葉
蜂飼耳
生の表裏に宿る絶えまない対決の相に、
接近と離反の視線をあてる。
韻律と形式の新たな試みをまじえて、
『食うものは食われる夜』以後の
詩境を切りひらく、最新詩集。思潮社
思いのほか よく隠せる
地の底に 鳥の囀り
そこを隠す葉が
生温かく しおれてくる
途方に暮れて地面に 左手の影 映してみる

蜂飼耳《掩蓋的葉》書盒和書（25開盒裝書　二〇〇七年九月　思潮社）

語句，對此留下了深刻的印象，在箱子兩公分左右的地方將書嵌入放置在桌面，即使整體有輕微傾斜的話，也不會看不到沉在水底的石臼。

九 裝幀的現在

新文字的問題

我不曾自己操作電腦，來製作裝幀的原稿。若原稿資料有需要的話，我會先用方格完稿紙設計，然後請工作人員電腦資料化。因為我不執行操作上的工作而只用看的，所以沒有說話的資格。

我長期以來就用四開的方格完稿紙，以實際尺寸來設計廿五開和卅二開的書籍封面。經常在封面的表、裏、書背處摺兩疊來觀看整個設計的進展。在全新書背的空間開口處旁，這樣那樣地盤算籌劃著封面書名的文字大小、書背的文字可能有必要拉長，也順便重新思考封面文字。

不論電腦螢幕的尺寸如何，都無法以原尺寸在一眼望盡的情況之下做設計。那也不是以原尺寸（或略小，或更大）去設計空間的每個部分。總之，在暫時的空間上構成暫時的文字和圖像。我想，被塑造出的美和緊張感，是以原尺寸被設計出來的，如果暫時可以做得出來的話，那也只是複製出確定是美麗的造型而已。我認為，電腦是人在與世界直接地對峙中被剝奪的工具。

裝幀的構想（整體意象），是從作品去尋找被聯想的文字身姿和圖像印象、素材感覺（且繼續閱讀作品的長條校樣和記在筆記本的東西）所變成的一個形，然後將其速寫在筆記本上，再歸納想法，文字用電腦從字型輸出到紙上，並訂購照相打字。備齊了使用的圖像時，在方格完稿紙上用照相完稿機（トレスコープ）來設計。在小小的暗室裡，將文字和圖像投映在方格描圖紙上去構成，工具有鉛筆和橡皮擦，還有三角尺規。

從電腦裏所取用出的文字和圖像，是毫無物質感的。然而用照相完稿機的話，排版文字的相紙質感，和圖像被印刷的畫冊頁碼和解說文等，在方格描圖紙上被映照出來。打開照相完稿機的方格完稿紙，在文字裡也看得到散亂在玻璃台面上的橡皮擦屑。

原本，那些是妨礙工作的東西，但卻在我創作過程中，形成有如物質反抗般的東西，潛入想法之中，並且屢次獲得意想不到的暗示。揭穿了一個秘密——在文學裏運用壓紋的凹凸，便是我從橡皮擦屑屑中察覺到的。

用電腦做原稿資料已經變成一般大眾化了，圖像的資料化也成為主流，彩色正片變得很少見了。圖像的資料大多數都以郵件來傳送，所以用紙輸出時，因印表機的不同，顏色也會有所差異，螢幕也一樣。彩色正片與實際東西的顏色雖不能說是完全一樣，但正片這東西，就是裝幀、編輯、印刷相關人員共有的原稿。

所有東西都存在著標準，然而圖像資料是沒有標準的。推測以像這樣的色調為前題設計然後印刷，而實際上，每當決定圖像上的文字顏色時，我都感到為難。

那麼說來，最近的裝幀，明顯地在報紙和雜誌上也增加了廣告，使用平版印刷的原色黃、藍、紅作設計。假如是這樣的話，那麼從設計事務所到廣告公司、企業的宣傳部，即使將訊息傳送到媒體也不會擔心顏色會有所變化，有著微妙的相互認同的東西。

然而即使如此，當編輯拿資料稿來校正印刷，透過資料和彩樣一起相互比對時，對方竟然說彩樣的顏色比較強烈比較好，簡直叫人驚訝到目瞪口呆。

電腦已經變成人類真正的工具，描繪工具已經從孩童時期就開始使用的蠟筆變成了滑鼠，畫紙變成了螢幕。這個時代，紙和蠟筆已經不存在了吧！不知道對這世界的人們是幸還是不幸？

最近，裝幀使用的文字變得比較不正式，果然是用電腦製圖，可以很輕鬆地創作出字體吧！在電腦軟體的字型中，也可以看到很多輕率調性的字體。

我喜歡平野賀所描繪的文字，從作品被聯想到的文字形狀，即使只是想想書名的意思就能感覺得出來，有著誘使人進入那意義中更深一層的世界裡的謎一般。我想那個就是作為到現在為止，對文字歷史性的批評。

不正式的文字，即使將言語通常的意義和印象形狀化，也無法感受到其意志。文字只剩下新穎而已，毫無可以誘使人們進入到這意義的更深一層的力量。接連不斷地爭奇鬥新，只是載負著在年輕人言論中所受歡迎的符號插圖而已。

我認為設計的智慧和技術，有著將混沌控制在一個方向的力量。在城市空間的標誌和公共設施的指示標誌等，就不需要再指出了吧！

我單方面地思考著，設計是有著反向力量的。能發揮出『解放被束縛的力量』的是裝幀。

利用視覺媒體，從電視和海報傳送出的訊息（傳送的一方編造出有關事物的故事），相對地也同化了接收的那一方。對於在電視節目中被報導著好看、好吃並聚集許多群眾的這種話題，實在已經看到很厭煩了！

從視覺媒體發送出的資訊，不得不把視覺這感覺給特殊化。從混沌的外界辨別其類型，其進退傳達至心裡的角色就是視覺。視覺不管是好或壞都會被類型化，可說是喜好符號。所以只要電視節目的主持人說好吃、好漂亮就可以了，但是同化接收訊息的人們的心，是很可怕的！

裝幀可以用視覺媒體去解放被同化（被束縛）的心，書這東西被施以裝幀表現是從人們的視覺和觸覺兩面去作傳達的，因每個人手中的觸感（觸覺是個人性、拒絕無限制符號化的東西）是被相對化的，因為裝幀是被化成被派遣到每個人的心中的一個謎。

所謂的謎，就是向被束縛的心（漂亮、可愛、平和的心）投以疑問，人們為了要獲得解答就會去翻閱書頁、開始閱讀作品裡的文字，好像是在尋找真正的自我。

超越限制

觀念性的現代主義樣式從裝幀表現中退潮，從作品去導入裝幀的要素，被設計的裝幀成為主流已經有很長的一段時間了。

但是領導表現的文學書裝幀，在伴隨著作品的通俗化（悲傷就紀錄下悲傷就足夠了，若沒有曲解，就沒有含糊微妙之處的文章了）之後，也許用以被新符號貶低的插圖、薄弱的意義和印象式的文字殘骸設計著。不限於文學，並不是沒有將表現做周遭狀況呈現的考量，只不過是無庸置疑地放棄了意義和印象表達的面貌。將這沒變化的作品外表（封面和書衣）資訊化，那真可說是虛有其表吧！也有以獨特的媒體將書的型式不自覺地呈現出來。

商業出版的書籍形式，是依據機械化製書的方針去控制的，將從那裡所超出的成本給往上推，並反映在定價上。即使初版就可以吸收成本，但也不能不問少量再版是否可行的理由，就印下去了！

但是，以網路和行動電話的硬媒體為前提所創作出作品，事實上也獲得一些讀者；而軟媒體的書，作品的質感一直受到質疑的情況卻也是事實。

為了要將言詞表達出的作品變成書，首先必須選擇文字的字體，即使是普通的小說格式，一頁的字數、一行的字數、行間和字間等等的尺寸，文字排版的所有要素都需要設定。作品是被經過作者和編輯間批評的往來而完成的，裝幀是接受作品的意義和印象，以文字的形式去做根本的批評。

所謂閱讀文學作品，不是要讀知它有被寫些什麼，而是轉譯未知的語言以領會辭語和文章，掌握住自己的評論。作品是辭語（文字）和文章巧妙處理事件的現場。

裝幀的現場既然是商業出版，就有許多的條件限制。有預算上的問題、印刷廠和裝訂廠的問題等等各式各樣。印刷本數從百本、千本到以萬為單位，依據各個不同的本數而受到限制。只有在裡面找出最好的為目標，因此會有如果是二百本的詩集就可以，但如果換成是五千本小說的話就不可行的問題。

現在，不管是哪裡的印刷廠，成本都管控得非常嚴。例如要印刷初版五千本的書的封面時，一般四色機一個小時就可以結束了吧！但如果四色中有一色要換成特色時，印刷廠臉色就會不太好看。

原因是，要特色印刷時，印刷機就必須要清洗，有特色金或銀的話更是花時間，恐怕就無法再進行下一個工作了。

裝訂廠也有相似的狀況。印刷完成的內頁文和封面運送到裝訂廠，會經過摺疊、裝訂、裁切、上膠、夾傳單等一連貫的機械化處理。但在這當中只要有一個步驟不同，例如封面的一部分要裁切掉，或書腰的寬度、設定要變更，就變成有些部份得採人工作業了。因此考量到需要的時間和人工，但往往都得不到一個滿意的答覆。

另一方面，專門處理少印量詩集的印刷廠，其技術人員秉著自豪，會接受各式各樣的嘗試。這也是出版社和編輯者謹慎認真地累積出的人際關係，源於對書的熱愛、對作者和作品的敬愛。

裝幀表現也有成本意識上的要求。在整體的預算中，如果要使用豪華昂貴的紙張的話就必須要減少一色，倘若真想要扉頁印四色的話，就得要下功夫了！這和生活籌措的情況很相似。

但是重要的是對書的熱愛吧！和興趣相投的人一起工作，當那個人的堅持無法實現時，終究會受到勇於嘗試的技師的協助，相對地也振奮了裝幀者和編輯者的心。如果是到目前為止被喜愛的作品，我也不想輸給編輯者的裝幀，終究最重要的還是熱愛之情。

很多編輯非常重視書會不會賣，『書也是在市面上流通的商品』的這種想法是理所當然的。但是對於做出以編輯者為首的書來說，以書本這媒介來推出作品的確重要，而自己為了讓認為對的作品能問世而將書發行，重要的是要有持續不斷的智謀。書是商品的同時也是盛滿著志願的容器，我認為這就是出版本來的行為。

最後，來談談最新的工作吧！是古井由吉的書。

古井的《白暗淵》是本短編集。有著「しろわだ」的平假名注音為書名的故事敘述者，在一次轟炸中失去了母親。因爆炸氣流而昏倒的那一剎那看見母親的側臉，而母親的『再也不在了』，成了孩子內心的一件事。活下去的心把存在與不存在當作同一件事，即使沒有黑暗，光線也照射不進來，永遠持續著白色空虛的狀態。

插圖用羅伯特・萊曼（Robert Ryman）的作品。在正方形的畫面上用一定的筆觸塗以白色顏料，但並沒有暴露出那樣的感情和觀念，重複的意向帶來了不露出感情的抒情性。

被寫下的一句話孕育了下一句話，生成了新的語言，可以看到文中的跡象。就這樣構成了一個全是對白的虛構事件而不是故事。原封不動的事件現場，提供了閱讀的樂趣。

《白暗淵》是一個不採敘述手法的作品，印上萊曼畫作的封面沒有任何文字。試著將這樣形象的《白暗淵》排列在書店店頭的平台上看看，但沒有任何進展。

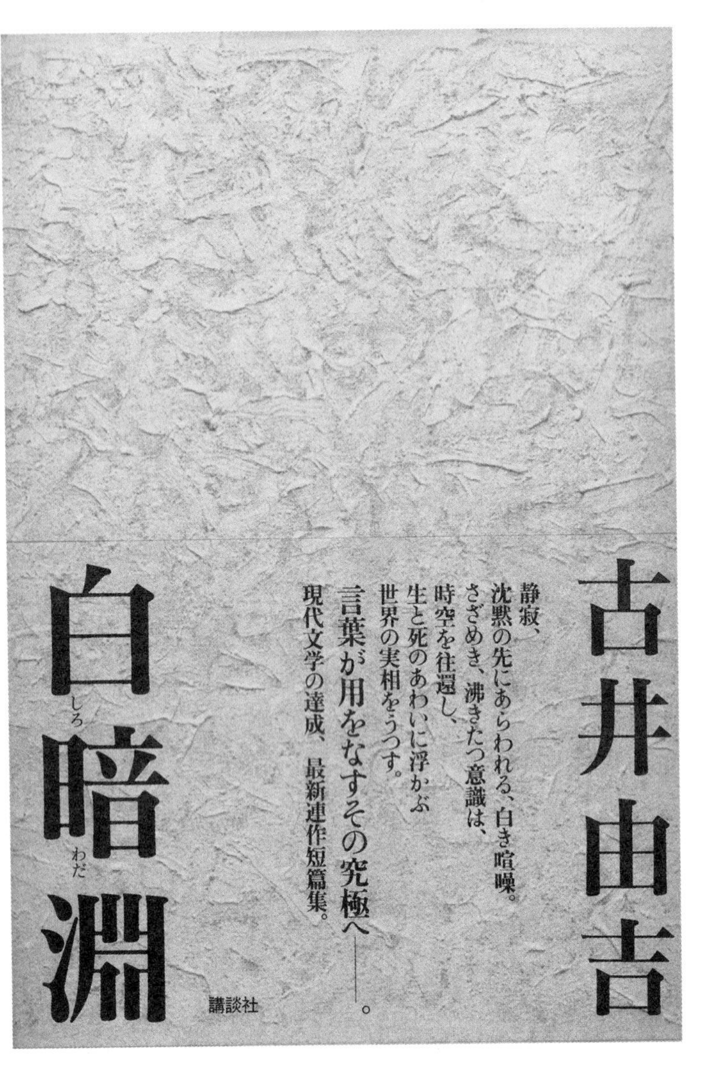

古井由吉《白暗淵》（32開精裝本 二〇〇七年十二月 講談社 有書腰的樣子）

古井由吉《白暗淵》（沒書腰的樣子）

將以言語表現的作品裝幀成書，表現方式是從作品得來的想像。不過，以文字和圖像等要素的構成來表現謎樣為做法，記下在這作品中所沒有的印象，但是《白暗淵》的構成是『存在與不存在合而為一』的文章被一次性觸發。

在有半本書高的寬書腰帶上，印上萊曼畫作的下半部、直排的大書名和作者名，書腰文字印黑色，書腰的背面也是一樣。而封面的上半部除了萊曼的畫外，什麼都沒有。

拿掉書腰，下方有小小的書名和作者名。在手拿起書背的側邊就會感受到整本書被萊曼的畫給包覆著，這與在店頭平台上的書有著相同的呈現。書衣紙與封面的質感相反，是閃閃發光的白色紙，書背上只有小小的文字，承襲著書中少年喃喃自語的「只有白色而已」。封面裡是用將微小的雲母放入紙漿製成的黑色紙，像似作品中所描述的黑暗深淵。《白暗淵》是接受閱讀過的人的讀後心得所做成的多層次裝幀。其實《白暗淵》這作品中並沒有寫到任何白暗淵的言詞，而是在閱讀之後的人們的心中，打開一個猶如張著大嘴般的深淵。

裝幀的任務是吸引看到這本書的人的心讓他變成讀者。為此思考設計的智慧和技術應該是有所助益的，三十年來，經手過一萬數千本書了。

現在要去找沒有被設計裝幀的書幾乎很困難！但是失去了書本的物質感，那只是一個將作品給擠上資訊化的設計，來纏繞包覆封面的書而已。在多樣化的媒體時代裏，如果具有紙張媒材的書其魅力消失的話，那麼人心早晚是會偏離的吧！

如何能設計出從資訊到形式那樣的物質性設計感呢？我有著那樣的疑問。

後記

裝幀是用言詞表現出作品的印象，以書的材質和文字的身姿、色調和圖像來捕捉而構築出來的，也有著交付給人們眼和手評論的作用。在作品上是不會被寫上訂購訊息的，但是作品是從讀者的心中，打撈出對文字和色彩的印象。裝幀設計者需要的是，要有豐富的構築素材知識，還要有可以深深理解能帶給人們什麼樣的意義與印象。

本書是以從二〇〇六年的夏天到秋天三次和兩個編輯的討論為根基，然後構成編輯，並預計隔年的春天發行。但在看到被徵求的原稿後，發現做出來的裝幀與想做的裝幀，跟當初所說的有差距時，我茫然若失了。剛開始自己說的話似乎只能自己翻譯，然而考量到被委託的作品的重新裝幀、創作的事，以及考慮到與過去的裝幀在文字上無法達成一致，而讓我花費了一年的時間。

白水社的諸位和藤田明子小姐，實在抱歉了！還有堅持到最後，毅力還很堅強地等待的和氣元先生，感謝您！

二〇〇八年一月三十日

菊地信義

作者簡歷 > 菊地信義 Kikuchi Nobuyoshi

日本知名書籍裝幀設計家，一九四三年生於東京。從多摩美術大學中途輟學後，進入了廣告公司。在大一時，因莫里斯・布朗修（Maurice Blanchot）的《文學空間》（L'espace Littéraire）而對書籍裝幀著迷。一九七七年以裝幀設計家的身分成立了菊地信義設計事務所，直到二〇〇八年為止，總共經手過一萬數千多冊的書籍裝幀設計，並提出了許多具有特色的設計概念。徹底地讀原稿，去領會潛藏在小說中的色彩和紙的印象是他的設計風格，其嶄新的裝幀設計表現在書店引起注目而聞名。一九八四年獲第二屆藤村紀念歷程獎；一九八七年則獲德國萊比錫「世界最美的書」銀獎；一九八八年榮獲第十九屆講談社出版文化賞書籍裝幀設計獎，亦曾多次舉辦個人書籍裝幀設計展。其著作有《新・裝幀談義》、《裝幀＝菊地信義の本》……等等數冊。

新・裝幀談義｜菊地信義
日本知名書籍裝幀設計家 A Distinguished Japanese Book Designer

作者：菊地信義 Kikuchi Nobuyoshi

中文版出版策劃：紀健龍 Chi, Chien-Lung
譯者：郭尹盈
審訂潤校：王亞棻 Tiffany Wang
Book Design by Chi, Chien-Lung 紀健龍

發行人：紀健龍
總編輯：王亞棻
出版發行：磐築創意有限公司 Pan Zhu Creative Co., Ltd.
台北市文山區樟新街8巷1號2樓｜www.panzhu.com
總經銷商：龍溪國際圖書有限公司
新北市永和區中正路454巷5號1F｜Tel: + 886-2 -32336838
印刷：穎慶彩藝有限公司
初版一刷：2013.01
定價：NT$539元 ISBN：978-986-81292-5-2

新.裝幀談義 / 菊地信義作 ; 郭尹盈譯. -- 初版. -- 臺北
市 : 磐築創意, 2012.11
面 ;　公分
ISBN 978-986-81292-5-2 (平裝)

1.圖書裝訂　2.設計

477.8　　101022556

龜倉雄策──日本現代設計之父　**龜倉雄策 著**　**好評販售中**

探索日本平面設計界巨人‧日本設計進化歷程──知名日本GGG設計畫廊叢書

現今台灣創意產業蓬勃發展，滿地設計科系、設計師。學生時期便開始拚命接稿賺錢，成了主流價值。然而大家是否仔細想過，平面設計師在台灣實際的社會地位是如何呢？專業價值又是被民眾如何看待的呢？

一個公司的窗口就可以依其喜好要求設計師不斷地改稿；專業設計競賽找來的評審可能是所謂有名望的人，但不一定是設計專業領域的專家；設計師被認定為「位階低於企業的角色」在從事設計，所謂設計只是「依照要求去進行製作」。這些發生在六十多年前日本設計界的種種現象與問題，是否仍存在於目前台灣設計業的環境當中？如同龜倉先生所說，設計師本身沒有自我認知、不會思考，是絕對不會獲得一個好的社會地位。

至目前為止，我們是否也始終存在著沒有英文或日文這些外語文字來做設計的主要裝飾，就無法呈現設計高級感呢？是否也有依賴放個傳統圖像來宣示所謂的台灣味，只要直接套用上去就算數的錯覺呢？設計協會的成立是為了滿足部份個人利益？還是為了提升全國整體產業設計水平和改善社會對設計師地位給于認同與尊重呢？老中青設計應是傳承關係還是對立關係呢？……本書能提供讀者一個需要真實面對和深度思考的空間。

本書擴增後的內容包含：RE-DESIGN日常用品再設計、建築師的通心麵展、HAPTIC五感的覺醒、SENSEWARE（增長崎縣美術館視覺識別、Swatch集團尼可拉斯・G・海耶克商業大樓標識計畫）、WHITE「白」、MUJI無印良品（內容大幅擴增）、從亞洲頂端看世界、EXFORMATION新資訊的輪廓（四萬十川、RESORT休閒的研究實驗）、何謂設計？（增人類史起源的考察）等。精彩內容除了值得讀者一再細細品味珍藏外，也是一本最好的設計教材！

Li Edelkoort（Design Academy工業設計學院校長・此校乃荷蘭前衛Droog Design團體帶領）、
前田John（麻省理工副教授）、
Jasper Morrison（英國產品設計師）、
深澤直人（日本產品設計師）等皆為此書寫序強力推薦！

有關書籍的訂購、批貨、團購等（學生大批團購將享特惠價），
請直接電洽總經銷商——龍溪國際圖書有限公司。
新北市永和中正路４５４巷５號一樓（永和國小對面巷子裡） 02-32336838